LES DOSSIERS HACHETTE

LES PAYSAGES EUROPÉENS

CYCLE 3

MARYSE CLARY

MAÎTRE DE CONFÉRENCES À L'IUFM D'AIX-MARSEILLE

HACHETTE
Éducation

Crédits photographiques

Rabats : « un building à Francfort (Allemagne) » : © K-H. Haenel / Corbis ; « le mont-Blanc (vu du côté de l'Italie) » : © S. Renier / Grand Tour / Corbis ; « le phare de l'île de Groix » : © S. Saïsse ; « le château Anif (Autriche) » : © D. Rose / Zefa / Corbis ; « le port de Barcelone (Espagne) » : © J. Fuste Raga / Corbis ; « les travaux agricoles (Slovaquie) » : © W. Buss / Hoa-Qui / Eyedea. **P. 5 :** © F. Demange / Gamma / Eyedea. **P. 6 :** © QinetiQ / Imagestate / Eyedea. **P. 7 h :** © N.-J. Norenlind / Age Fotostock / Hoa-Qui / Eyedea. **P. 7 m :** © E. A. Janes / Age Fotostock / Hoa-Qui / Eyedea. **P. 7 b :** © P. Putelat / Hoa-Qui / Eyedea. **P. 8 h :** © H. Champollion / AKG Images. **P. 8 b :** © The Art Archive / Province de Muntenie / Dagli Orti. **P. 9 :** © Plantu, 1992. **P. 10 h :** © Photos12-ARJ. **P. 10 m :** © K. Wothe / Getty Images. **P. 10 b :** © Electa / Leemage. **P. 11 :** © G. Garner / Imagestate / Eyedea. **P. 13 h :** © G. Gerster / Rapho / Eyedea. **P. 13 b :** © J.-F. Hagenmuller / Hoa-Qui / Eyedea. **P. 14 h :** © B. Lawrence / Imagestate / Eyedea. **P. 14 b :** © Borromeo / Eureka Slide-Reporters-REA. **P. 15 h :** © Age Fotostock / Hoa-Qui / Eyedea. **P. 15 m :** © Atlantides S.N.C / Age Fotostock / Hoa-Qui / Eyedea. **P. 15 b :** © W. Buss / Hoa-Qui / Eyedea. **P. 16 h :** © M. Studemann. **P. 16 b :** © B. Morandi / Hoa-Qui / Eyedea. **P. 17 :** © W. Sanders / Getty Images. **P. 19 h :** © G. Brettnacher / Getty Images. **P. 19 b :** © M. A. Otsoa de Alda / Age Fotostock / Hoa-Qui / Eyedea. **P. 21 h :** © Simeone / Photononstop. **P. 21 b :** © Jarry-Tripelon / Top / Eyedea. **P. 22 h :** © F. Jalain / Explorer / Eyedea. **P. 22 m :** © F. Faure / Explorer / Hoa-Qui / Eyedea. **P. 22 b :** © Mauritius / Photononstop. **P. 23 :** © A. R. Moller / Stone / Getty Images. **P. 25 g :** © San Rostro / Age Fotostock / Hoa-Qui / Eyedea. **P. 25 d :** © D.Lerault / Photononstop. **P. 27 h :** © D. Armand / Getty Images. **P. 27 b :** © J. Jaemsen / Zefa / Corbis. **P. 28 :** © B. Van Der Meer / Getty Images. **P. 30 h :** © Y. Guichaoua / Hoa-Qui / Eyedea. **P. 30 b :** © B. Foster / Getty Images. **P. 31 :** © Ballnus / Picturepress / Studio X. **P. 32 :** © J.-P. Lescourret / Explorer / Hoa-Qui / Eyedea. **P. 33 h :** © AKG Images / BASF. **P. 33 b :** © T. Bognàr / Corbis. **P. 34 h :** © G. Azumendi / Age Fotostock / Hoa-Qui / Eyedea. **P. 34 b :** © G. Leimdorfer / REA. **P. 35 h :** © Ed Pritchard / Getty Images. **P. 35 b :** © Ch. Vaisse / Hoa-Qui / Eyedea. **P. 36 h :** © B. Duffy / Getty Images. **P. 36 m :** © Bios / A. Lorgnier / Diaporama. **P. 36 b :** © M. A. Bragagnolo / Science Photo Library / Cosmos. **P. 37 :** © Nacho Moro / Age Fotostock / Hoa-Qui / Eyedea. **P. 39 h :** © G. Hellier / R. Harding / Getty Images. **P. 39 g :** © G. Gerster / Rapho / Eyedea. **P. 39 d :** © X. Testelin / Rapho / Eyedea. **P. 41 h :** © M. Gottschalk / Altitude. **P. 41 b :** © R. Unkel / REA. **P. 42 h :** © DAJ / Getty Images. **P. 42 b :** © G. Rolle / REA. **P. 43 h :** © The Art Archive / Site archéologique / Dagli Orti. **P. 47 g :** © E. Barber / Bios. **P. 47 d :** © A. Woolfitt / Corbis. **P. 50 h :** © A. Brunet / Gamma / Eyedea. **P. 50 m :** © R. Llewellyn / Imagestate / Eyedea. **P. 50 b :** © Dufour-Travers / Gamma / Eyedea. **P. 51 :** © T. Anderson / Getty Images. **P. 53 :** © Plantu. **P. 54 :** © J. Fuste Raga / Age Fotostock / Hoa-Qui / Eyedea. **P. 55 h :** © W. Buss / Hoa-Qui / Eyedea. **P. 55 b :** © J. P. Boening / Zenit-Laif / REA. **P. 56 h :** © D. Chastan / Cdesign. **P. 56 b :** © F. Thomas / Hoa-Qui / Eyedea. **P. 57 (4 photos) :** © Banque centrale européenne.

Responsable éditoriale : Stéphanie-Paule SAÏSSE

Secrétaire d'édition : Delphine DEVEAUX

Création de la maquette de couverture : Laurent CARRÉ

Illustration de la couverture : Alain BOYER

Exécution de la couverture : TYPO-VIRGULE

Création de la maquette intérieure : Laurent CARRÉ

Mise en pages : TYPO-VIRGULE

Illustrations : Valérie STETTEN (fonds matières et cadres des pages « En savoir plus »),
Gilles POING (illustrations techniques et graphiques),
Alain BOYER (fonds textes),
Nathalie DESVERCHÈRE (fonds matières des « Carnets de route »)

Cartographie : DOMINO

Recherche iconographique : Julia SOUCHAL

Fabrication : Olivier LE GALL

ISBN : 978-2-01-117368-3

AVANT-PROPOS

Étymologiquement, la géographie est l'écriture de la Terre. Mais il y a bien longtemps qu'elle a dépassé le simple stade de la description pour nous apporter une intelligence de l'espace qui nous est d'autant plus nécessaire que nous sommes les acteurs de la géographie.

LES DOSSIERS HACHETTE proposent une première découverte de cette discipline. L'objectif est de permettre aux élèves d'acquérir des repères spatiaux. Ils vont apprendre à les identifier, à les nommer et à les localiser. Chaque leçon donne aux élèves les premiers éléments pour comprendre le monde dans lequel ils vivent et apprendre à y découper des territoires qui ont du sens. Ils vont comprendre comment les hommes, à différentes échelles, occupent, utilisent, aménagent et organisent l'espace dans lequel ils vivent. C'est pourquoi ce Dossier s'attache à mettre en évidence quelques contrastes existant en Europe et à en étudier la distribution. Il s'attache aussi à développer la curiosité des élèves, futurs citoyens de l'Union européenne, sur les pays qui la composent, ainsi qu'à les sensibiliser au processus de construction européenne. Chaque chapitre présente ainsi une grande variété de documents (photographies, cartes, schémas, diagrammes, croquis…) qui sont les véritables outils de la géographie choisis en fonction d'une problématique et de leur pertinence pour des élèves de cycle 3.

Le dossier sur **Les paysages européens** est découpé en huit chapitres. Chacun s'organise de la façon suivante.

– Une double page présente un type de paysage ou un problème avec une entrée par une grande photographie ou une carte, pour répondre aux questions « Quoi ? Où ? ».
– Une double page explique et approfondit le thème étudié à travers des exemples plus détaillés. L'élève peut ainsi confronter des organisations différentes l'amenant à se poser des questions (« Qui ? Pourquoi ? Comment ? ») et à saisir des dynamiques.
– Une double page « *En savoir plus sur…* », ludique et ancrée dans l'actualité, permet de rendre plus vivante cette approche des paysages européens. Elle s'achève sur un « Carnet de route » qui donne leur cohérence aux documents présentés et résume la leçon.

Tous les trois chapitres, une double page « *À la manière de…* » aide les élèves à utiliser avec méthode les outils de la géographie. Elle les amène à conduire des activités d'enquête et de recherche.

Cette collection contribue à rendre l'élève apte à analyser les images, à en dépasser la vision immédiate, à comprendre comment les sociétés passées et actuelles s'inscrivent dans les paysages et à rendre le monde plus intelligible.

Maryse CLARY

SOMMAIRE

Les paysages

européens

LES INÉGALITÉS DE RICHESSE

L'UNION EUROPÉENNE

Qu'est-ce que

L'Europe est un petit continent limité à l'Est par les monts Oural. Elle compte 47 États. Elle présente une grande unité mais aussi une grande diversité de ses populations et de ses paysages.

Doc. 1 : **L'Europe vue par satellite.**

1. Quelles sont les limites de l'Europe à l'Ouest, au Sud et au Nord ? Aide-toi de la carte du relief page 12.

2. Quelle limite n'apparaît pas nettement ?

3. En t'aidant de la carte des États de l'Europe au début de ton livre, cite deux États de l'Europe du Nord, deux États de l'Europe de l'Ouest, deux États de l'Europe du Sud, deux États de l'Europe de l'Est et deux de l'Europe centrale.

4. Regarde un planisphère et décris l'Europe par rapport aux autres continents.

Doc. 2 : Au Nord de l'Europe, les terres froides (Suède).

5. Dans quelle partie du continent européen ce paysage se trouve-t-il ?

6. Décris le paysage.

Doc. 3 : À l'Ouest de l'Europe, la côte de l'Atlantique (Angleterre, Royaume-Uni).

7. Situe ce paysage sur une carte d'Europe et décris-le.

8. Situe ce paysage sur une carte d'Europe et sur le Doc. 1.

9. Par quelle mer est-il bordé ?

10. Décris ce paysage.

Doc. 4 : Au Sud de l'Europe, la côte de l'Île de Samos (Grèce).

DES HÉRITAGES CULTURELS COMMUNS

Je considérerai comme européens tous les peuples qui ont subi au cours de l'histoire ces trois influences que je vais dire : la première est celle de Rome […] [qui] est le modèle actuel de la puissance organisée et stable. Vint ensuite le christianisme. Ce que nous devons à la Grèce est peut-être ce qui nous distingue le plus profondément du reste de l'humanité : nous lui devons une méthode de pensée.

D'après Paul Valéry, *Variétés*, 1924.

Doc. 1

1. Quelles sont, pour Paul Valéry, les trois « influences » culturelles communes aux peuples européens ?
2. Situe chronologiquement chacune de ces influences. Tu peux t'aider de ton manuel d'histoire.

Doc. 2 : Le temple grec de Ségeste (Sicile, Italie).

3. À quelle « influence » culturelle ce monument appartient-il ? Aide-toi du Doc. 1.
4. Connais-tu d'autres monuments qui ressemblent à celui-ci ? Si oui, cite-les.

5. À quelle religion cette église appartient-elle ?
6. Connais-tu d'autres religions présentes en Europe ? Lesquelles ?

Doc. 3 : Une église chrétienne du XIVe siècle (Roumanie).

Doc. 4 : L'histoire de l'Europe vue par Plantu, en 1992.

7. Que montre le dessinateur Plantu dans ce dessin ?

8. Quels sont les trois grands conflits représentés sur ce dessin ?

9. À quoi la dernière vignette correspond-elle ?

LA CONVENTION EUROPÉENNE

Signée à Rome en 1950, la Convention européenne est le texte de référence du Conseil de l'Europe. Cette organisation européenne regroupe actuellement 46 États. Son but est de promouvoir la démocratie et les droits de l'homme.

Article 2 : Le droit de toute personne à la vie est protégé par la loi.

Article 3 : Nul ne peut être soumis à la torture ni à des peines ou traitements dégradants.

Article 4 : Nul ne peut être tenu en esclavage ni en servitude. Nul ne peut être astreint à accomplir un travail forcé ou obligatoire.

Article 5 : Toute personne a droit à la liberté et à la sûreté.

Article 9 : Toute personne a droit à la liberté de pensée, de conscience et de religion.

Doc. 5

10. Quels sont les droits de l'homme garantis par ce texte ?

11. Quelles sont les libertés fondamentales inscrites dans la Convention européenne ?

12. Quelles valeurs les États signataires partagent-ils ?

13. Quand la première Déclaration des droits de l'homme et du citoyen a-t-elle été écrite ? Tu peux t'aider de ton manuel d'histoire.

D'où vient le mot « Europe » ?

Le mot « Europe » provient d'un mythe de l'Antiquité grecque. Zeus, le roi des dieux, métamorphosé en taureau, enleva la princesse de Tyr, Eurôpè (« celle qui voit loin ») pour l'emmener en Crète, une île de la Méditerranée. Les Grecs utilisèrent le mot « Europe » pour la première fois au Ve siècle avant J.-C pour désigner les terres qu'ils découvraient peu à peu au nord du bassin méditerranéen.

Pierre Paul Rubens (1577-1640), « L'Enlèvement d'Europe ».

La rivière Petchora dans les montagnes de l'Oural (Russie).

Pourquoi la limite de l'Oural ?

Pourquoi cette chaîne de montagne peu élevée (moins de 1 500 m d'altitude) est-elle la limite du continent européen ? Parce qu'au XVIIIe siècle, le tsar de Russie, Pierre le Grand, attiré par l'Europe occidentale, a fait inscrire l'Oural sur ses cartes. Il marquait ainsi l'appartenance d'une partie de l'immense territoire russe au continent européen.

Turner à Venise

Le peintre anglais William Turner (1775-1851) fut un grand voyageur européen. Après la France et la Suisse, il se rend à Venise à partir de 1819. C'est là que les effets de lumière vont prendre une importance croissante dans son œuvre. Il y retournera en 1833 et 1840.

William Turner, « Venise vue du Canal Giudecca », 1840.

Le rocher de Gibraltar

Le continent européen n'est séparé de l'Afrique que par un détroit de 13 km de large entre le Maroc et le sud de l'Espagne. Le rocher de Gibraltar marque cette limite. Territoire britannique depuis 1830, il est le passage obligé entre l'océan Atlantique et la mer Méditerranée.

Gibraltar.

LEXIQUE

Continent : vaste étendue de terres entourée de mers.

CARNET DE ROUTE

Les limites de L'Europe

L'Europe est un **petit continent** qui représente à peine 7 % des terres émergées de notre planète. Ses **limites** sont visibles à l'Ouest (océan Atlantique), au Sud (mer Méditerranée) et au Nord (océan Arctique). Elles sont beaucoup plus floues à l'Est : une petite chaîne montagneuse, l'Oural, sépare l'Europe de l'Asie.

L'Europe est composée de **47 États**. Certains se sont constitués au Moyen Âge (France, Espagne, Royaume-Uni), d'autres au XIXe siècle (Italie, Allemagne), d'autres plus tard (Autriche et Hongrie en 1919, éclatement de l'URSS et de la Yougoslavie en 1991).

Une histoire commune

Les pays européens ont une **histoire très ancienne** dont on retrouve les traces aujourd'hui dans les **monuments**. Les courants artistiques se sont influencés les uns les autres au cours de leur histoire : on retrouve des monuments de même style à travers toute l'Europe.

Les peuples européens partagent une culture commune, à travers la religion chrétienne qui a façonné les mentalités, et des valeurs communes, comme les **droits de l'homme** et la **démocratie**.

Un espace chargé d'histoire

L'Europe a connu de **nombreux conflits** au cours de son histoire, qui ont profondément modifié les territoires. Depuis la fin de la Seconde Guerre mondiale en 1945, les pays de l'Europe de l'Ouest ont connu une grande **période de paix** qui a permis la création et le développement de l'Union européenne.

Quels sont les grands

Le continent européen présente des reliefs variés :
des plaines, des plateaux
et des montagnes orientés d'est en ouest.

Doc. 1 : Les formes de relief en Europe.

1. En partant de l'océan Glacial Arctique et en te dirigeant vers la mer Méditerranée, quels grands ensembles de relief traverses-tu ?

2. Où se situent les grandes plaines : au Nord, au Sud ou dans la partie centrale de l'Europe ? Cite leur nom.

3. Quelles sont les trois chaînes de montagne les plus élevées en Europe ? Quel est le point culminant de chacune d'elles ?

4. Quel type de relief trouves-tu dans le Sud de l'Italie ?

ensembles de relief ?

Doc. 2 : La plaine germano-polonaise (Allemagne).

5. Situe ce paysage sur le Doc. 1.

6. De quel type de relief s'agit-il ?

7. Quels adjectifs peux-tu utiliser pour décrire ce paysage : vallonné, plat, montagneux, monotone... ?

8. Situe ce paysage sur le Doc. 1.

9. De quel type de relief s'agit-il ?

10. Compare ce paysage avec celui du Doc. 2.

Doc. 3 : La chaîne du Mont-Blanc (France).

Quelles sont les caractéristiques

Doc. 1 : Un paysage de Scandinavie (Norvège).

1. Situe ce paysage sur la carte du relief de l'Europe page 12.

2. Dans quel type de relief ce paysage se trouve-t-il ?

3. Décris le paysage.

4. Tu vois une ancienne vallée envahie par la mer. D'après toi, comment cela a-t-il pu se produire ?

5. À ton avis, pourquoi cette région est-elle peu aménagée par l'homme ?

Doc. 2 : La plaine de Flandre (Belgique).

6. Situe ce paysage sur la carte du relief de l'Europe page 12.

7. De quel type de relief s'agit-il ?

8. Comment l'homme a-t-il aménagé ce paysage ?

de ces reliefs ?

Doc. 3 :
Les Alpes du Tyrol (Autriche).

9. Situe ce paysage sur la carte du relief de l'Europe page 12.

10. Décris la végétation de la vallée vers le sommet.

11. Où la population et les activités sont-elles concentrées ? Pourquoi ?

Doc. 4 :
Amalfi, au sud de Naples (Italie).

12. Décris le paysage.

13. Dans quel type de relief ce paysage se trouve-t-il ?

Doc. 5 : La vallée du Rhin (Allemagne).

14. Décris la vallée et les versants (Doc. 5).

15. Qu'est-ce qui montre l'ancienneté de cet axe de circulation ?

16. À l'aide des Doc. 1 à 5, donne une définition des mots « vallée », « plaine » et « montagne ».

Quel est le plus haut sommet d'Europe ?

Le point culminant de l'Europe est-il le mont Blanc (4 808 m) dans les Alpes ou le mont Elbrouz (5 633 m) dans le Caucase ? Certains géographes situent le mont Elbrouz en Europe. D'autres contestent cette localisation, car ce serait situer en Europe des pays qui, pour eux, appartiennent à l'Asie (Turquie).

Le mont Elbrouz.

La baie de Naples et le Vésuve (Italie).

Le site de Naples

Naples vit sous la menace d'une éruption du Vésuve. Le volcan a détruit en 476 les villes de Pompéi et d'Herculanum. Malgré cette menace permanente, Naples fut, au XVIIIe siècle, la deuxième ville d'Europe après Paris. Elle compte aujourd'hui plus d'1 million d'habitants.

L'isthme français

Un isthme est une bande de terre entre deux mers. La France est le seul pays où l'Atlantique et la Méditerranée ne sont distants que de 400 kilomètres, entre Bordeaux et Narbonne. C'est pourquoi on parle d'isthme.

Les distances entre les mers.

Les geysers

Le village de Geysir, en Islande, a donné son nom à ce phénomène naturel. En pays volcanique, un geyser est un jaillissement plus ou moins régulier d'eau très chaude venant des profondeurs.

Un geyser (Islande).

LEXIQUE

Fjord : ancienne vallée glaciaire envahie par la mer.

Plaine : étendue plane et basse.

Plateau : étendue plate dans laquelle les vallées sont encaissées.

Séisme : tremblement de terre dû à un mouvement brusque de l'écorce terrestre.

Volcan : montagne en forme de cône d'où peut s'échapper de la lave.

CARNET DE ROUTE

L'Europe du Nord

L'Europe du Nord s'étend de l'Irlande à la Scandinavie. Elle se caractérise par des **massifs aux formes arrondies**, parsemés de nombreux lacs. Les côtes sont découpées par des **fjords**. Ces régions sont peu aménagées et la densité de population y est faible.

L'Europe de l'Ouest et du centre

L'Europe de l'Ouest et du centre est celle des **plaines** et des **plateaux**. Une **vaste plaine** s'étend de la Belgique à la Russie. Elle est bordée au Sud par des **massifs peu élevés** (Monts de Bohème, Massif schisteux rhénan, Vosges, Ardennes). Les **fleuves** qui y coulent sont de grands axes de circulation (Rhône, Rhin, Danube).

L'homme a très tôt mis en valeur et aménagé ces régions au sol fertile où les communications sont faciles. Elles sont aujourd'hui les régions les plus densément peuplées du continent européen.

L'Europe du Sud

L'Europe du Sud est montagneuse avec des **chaînes de montagne** qui dépassent les 4 000 m d'altitude (Alpes, Pyrénées, Caucase).

Les **côtes méditerranéennes** sont très découpées et les plaines littorales très étroites. Des **volcans**, au Sud de l'Italie (Vésuve) et dans les îles (Etna, Stromboli), sont toujours en activité et des **séismes** se produisent parfois dans ces régions. La population se concentre essentiellement dans les plaines.

Quels sont les climats

L'Europe est presque entièrement dans la zone tempérée, sauf dans sa partie Nord. Elle présente des climats variés.

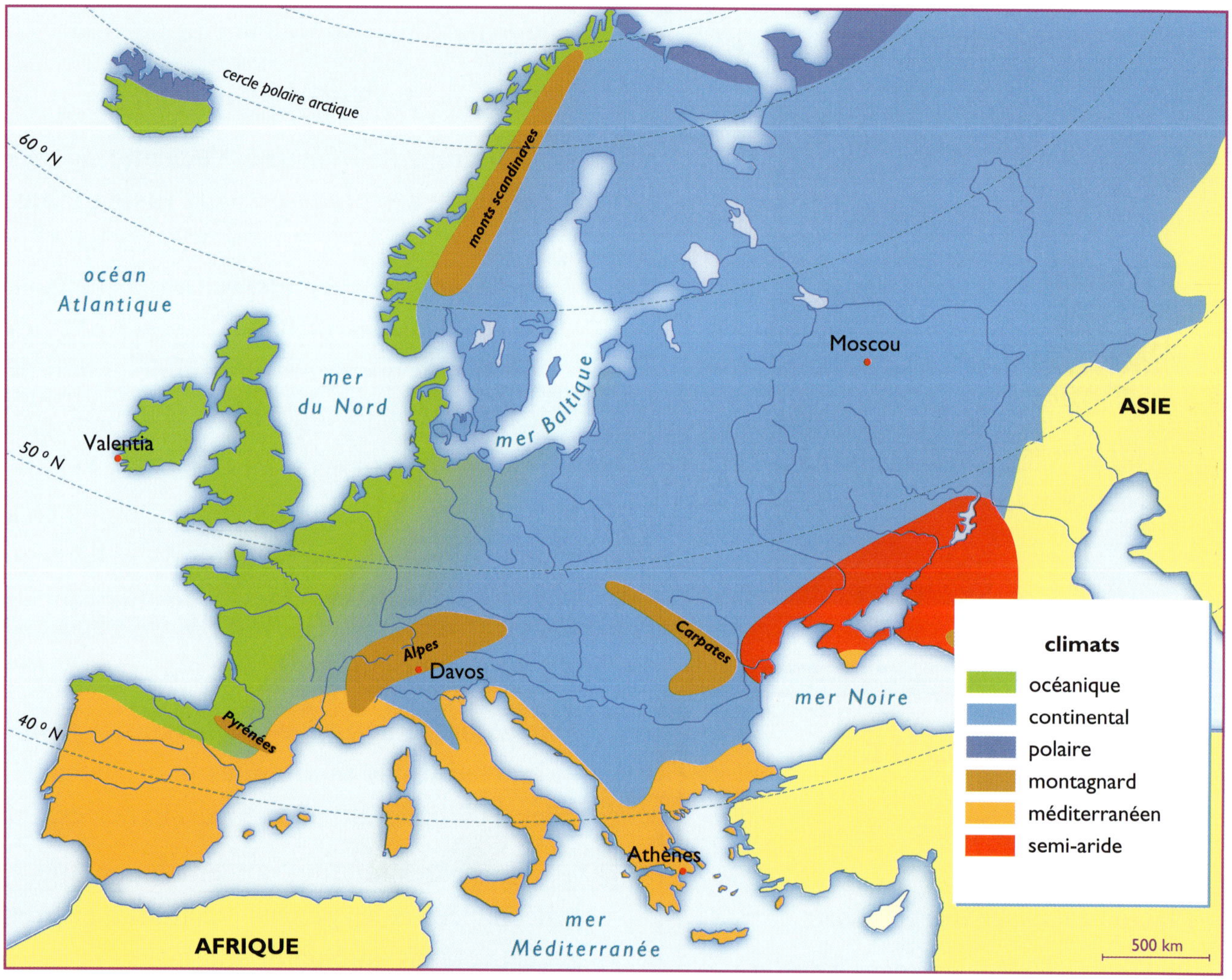

Doc. 1 : Les domaines climatiques en Europe.

1. *Sous quel type de climat se situe la plus grande partie de l'Europe ?*
2. *Quel est le climat de l'Europe de l'Ouest ?*
3. *Quel est le climat de l'Europe du Sud ?*
4. *Quel est le climat de l'Europe de l'Est ?*
5. *Quel est le climat de l'extrême-nord de l'Europe ?*

en Europe ?

Doc. 2 : À l'Ouest, la côte humide et verdoyante de l'Atlantique (Irlande).

6. Repère ce paysage sur le Doc. 1. Dans quel type de climat se trouve-t-il ?

7. Relève les éléments qui caractérisent ce climat (couleur dominante, état du ciel, végétation...).

Doc. 3 : Au Sud, les terres chaudes et arides (Navarre, Espagne).

8. Localise ce paysage (Doc. 3) sur le Doc. 1. Dans quel type de climat se trouve-t-il ?

9. Relève les éléments qui caractérisent ce climat (couleur dominante, végétation...).

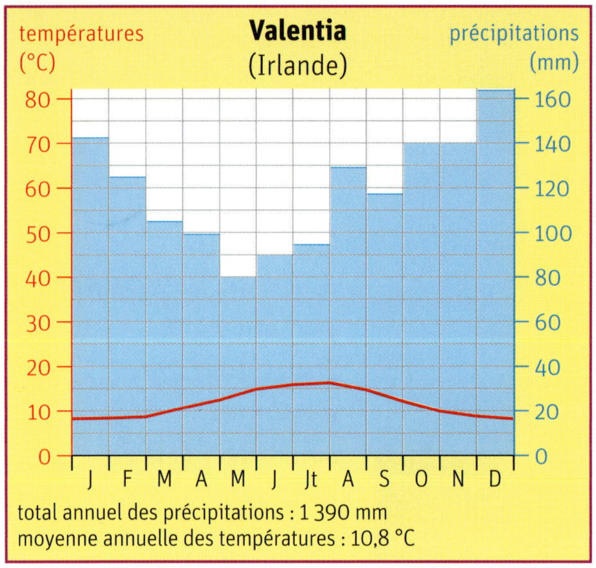

Doc. 1 : Le diagramme des températures et des précipitations à Valentia (Irlande).

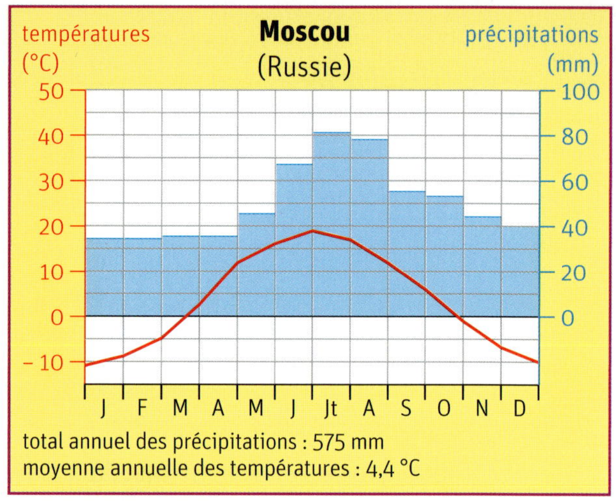

Doc. 2 : Le diagramme des températures et des précipitations à Moscou (Russie).

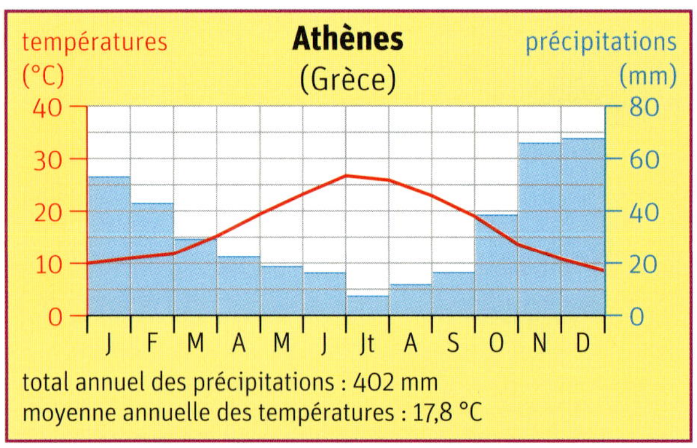

Doc. 3 : Le diagramme des températures et des précipitations à Athènes (Grèce).

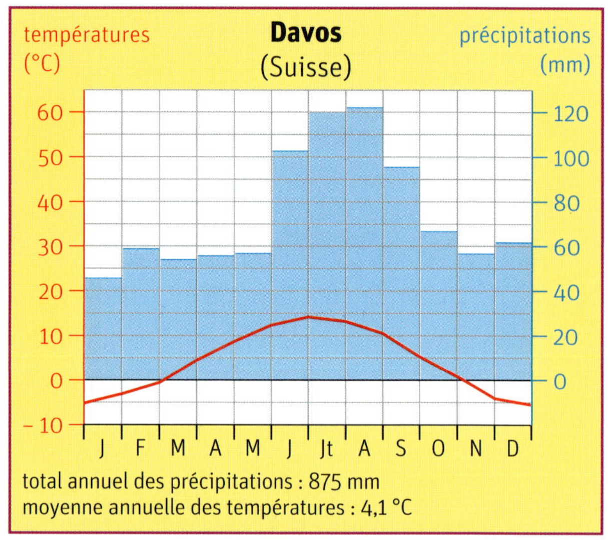

Doc. 4 : Le diagramme des températures et des précipitations à Davos (Suisse).

1. Dans quel climat chacune de ces villes se situe-t-elle ? Aide-toi de la carte des climats (Doc. 1 page 18).
2. Dans quel climat y a-t-il le plus de précipitations ?
3. Quelle ville connaît les températures les plus élevées et la sécheresse en été ? À quel climat appartient-elle ?
4. Dans quel climat les écarts de températures sont-ils les plus importants entre l'hiver et l'été ?
5. Décris la courbe des températures à Davos (Doc. 4) entre novembre et février.
6. Émets des hypothèses sur le rôle de l'océan sur les températures. Aide-toi des diagrammes de Valentia et de Moscou (Doc. 1 et 2).

Doc. 5 : La rivière Moskowa gelée (Moscou, Russie).

7. Situe ce paysage sur la carte des climats (Doc. 1 page 18). Dans quel climat se trouve-t-il ?

8. Que se passe-t-il en hiver à Moscou ?

9. D'après toi, quelles sont les conséquences de ce climat en hiver sur la vie des gens ?

10. Situe la Suisse sur la carte des climats (Doc. 1 page 18), puis décris ce paysage.

11. À quelle période de l'année cette photographie a-t-elle été prise ?

12. D'après toi, la neige est-elle un handicap à Zermatt ? Pourquoi ?

Doc. 6 : Zermatt (Suisse).

Bientôt des oliviers au nord de la Loire ?

Le réchauffement climatique risque d'entraîner un changement de la carte des climats, notamment la remontée des climats chauds. Les oliviers, arbres méditerranéens, pourraient ainsi franchir la Loire et s'installer dans le nord de la France d'ici un siècle.

Un olivier en Provence (France).

La pollution atmosphérique à Athènes (Grèce).

L'étalement urbain et la pollution de l'air

Dans 15 ans, 4 Européens sur 5 vivront en zone urbaine. Depuis 20 ans, la surface des agglomérations a augmenté de 20 %. Cet étalement des villes augmente l'effet de serre à cause de l'explosion des parcours routiers.

La douceur du climat méditerranéen

Le musicien et compositeur polonais Frédéric Chopin (1810-1849) emménage aux Baléares (Espagne) en novembre 1838.

« Me voici à Palma, au milieu des palmiers, […] avec une température qui rappelle celle d'un mois de juin à Paris. Le ciel est turquoise, la mer est bleue, les montagnes sont émeraudes. L'air ? Et bien, l'air est tout aussi bleu que le ciel, le soleil brille toute la journée. Tout le monde est vêtu comme en été car il fait chaud. »

Frédéric Chopin, *Lettre à Fontana*, 15 novembre 1838.

Un jardin aux Baléares (Espagne).

Les tornades

La tornade est un des phénomènes météorologiques les plus violents. C'est une petite tempête qui concentre énormément d'énergie en peu d'espace. Elle détruit tout sur son passage. Les tornades se produisent dans de nombreuses régions du monde. Mais le Royaume-Uni détient le record avec 1 par 6 000 km^2 !

Une tornade.

LEXIQUE

Climat : ensemble des types de temps qui se succèdent sur une année. Le climat se définit par les températures, les précipitations et les vents.

Précipitation : humidité qui tombe du ciel sous forme de pluie, de neige ou de grêle.

CARNET DE ROUTE

L'Europe dans la zone tempérée

L'Europe fait partie de la **zone tempérée**. Les régions les plus arrosées bordent l'océan Atlantique (climat océanique). Les régions les plus sèches sont les plus proches de la Méditerranée, qui apporte l'air chaud et sec de l'Afrique (climat méditerranéen).

Des climats variés

Les **climats** de l'Europe sont variés :

– le **climat océanique** s'étire du Portugal à la Norvège. L'**air doux et humide** de l'océan Atlantique atténue les différences de températures entre les saisons. Ce climat se caractérise par un **grand nombre de jours de pluie**, des hivers doux et des étés frais ;

– le **climat continental** s'étale de l'Est de la France à la Russie. Il se caractérise par des étés chauds et orageux et des hivers froids. Plus on va vers l'Est, plus les **écarts de température sont importants entre l'été et l'hiver** ;

– le **climat méditerranéen** couvre le Sud de l'Europe. Il connaît des **étés chauds et secs**, des **hivers doux** et de fortes **précipitations** en automne.

Les climats se modifient en montagne : **les températures diminuent avec l'altitude.** Le **climat montagnard** se caractérise par un fort **enneigement** en hiver.

Les domaines végétaux

La végétation dépend des conditions climatiques :

– les **prairies** et la **lande** dans les régions océaniques ;

– les **forêts** et la **grande culture** dans les régions continentales ;

– la **garrigue** et le **maquis** adaptés à la sécheresse des régions méditerranéennes.

Faire une fiche de ville à la

JE PRÉSENTE LA VILLE

Présenter une ville, c'est étudier son espace urbain. Tu dois d'abord décrire son plan et son organisation.

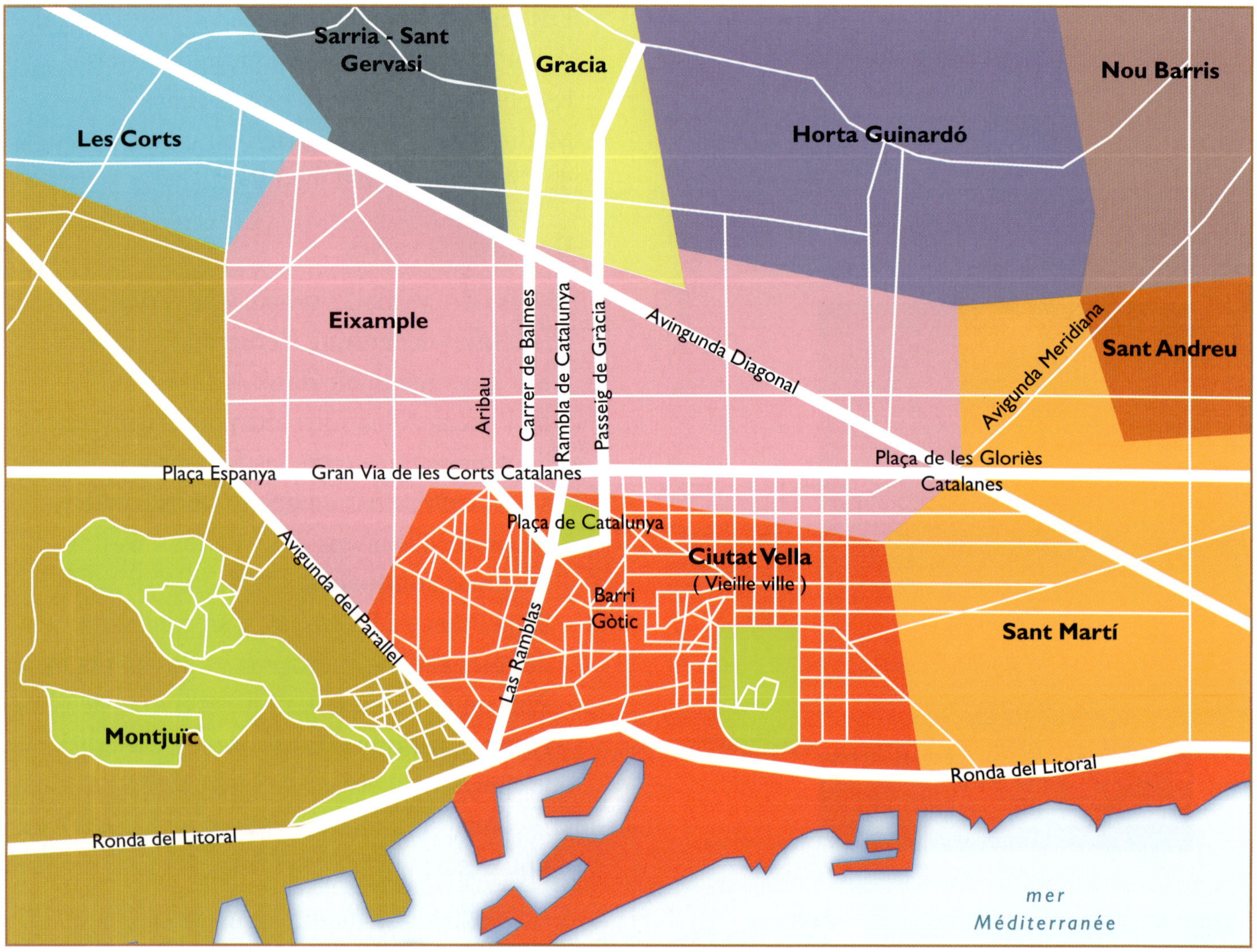

Le plan de Barcelone (Espagne).

- Situe Barcelone sur la carte de l'Espagne : au Nord-Est de la Catalogne, sur la mer Méditerranée. Barcelone est aujourd'hui la deuxième plus grande ville d'Espagne après Madrid, avec 4 millions d'habitants dans l'agglomération. Elle est un port actif de la Méditerranée et une capitale culturelle.
- Recherche des informations sur l'histoire de la ville. Barcelone a été fondée par les Romains au IIe siècle avant J.-C. La ville était l'une des plus grandes villes d'Europe au Moyen Âge et pendant la Renaissance.
- Décris le plan de la ville. La vieille ville aux rues étroites et aux bâtiments gothiques s'étend en arrière du port. Au-delà, le quartier de l'Eixample s'est construit au début du XXe siècle suivant un plan en damier : les rues et les avenues quadrillent la ville à angle droit.

Je décris les différents quartiers

L'avenue Diagonal.

La vieille ville.

Toutes les grandes villes présentent des visages différents selon les quartiers.

- Situe chaque photographie sur le plan de la ville de Barcelone.
- Décris chaque quartier selon le type de bâtiments, les activités, la population...

– La vieille ville : des rues étroites et des monuments. C'est le centre historique de Barcelone.
– L'avenue Diagonal : le nouveau quartier des affaires de Barcelone.

Je fais la fiche d'une ville du pays dont j'étudie la langue

Pour présenter une ville, tu dois suivre plusieurs étapes.

- Situe la ville dans son pays.
- Recherche des documents sur Internet (offices du tourisme), dans des guides touristiques...
  Tu as besoin d'un plan de la ville et d'une carte du pays pour situer la ville dans son contexte national.
- Recherche des documents sur l'histoire de la ville.
- Imprime ou découpe des photographies de la ville et de ses différents quartiers.
- Situe ces photographies sur le plan de la ville.

Où la population européenne

L'Europe est un des grands foyers de peuplement de la planète.
La population y est inégalement répartie et n'augmente plus.
Elle est un continent attractif.

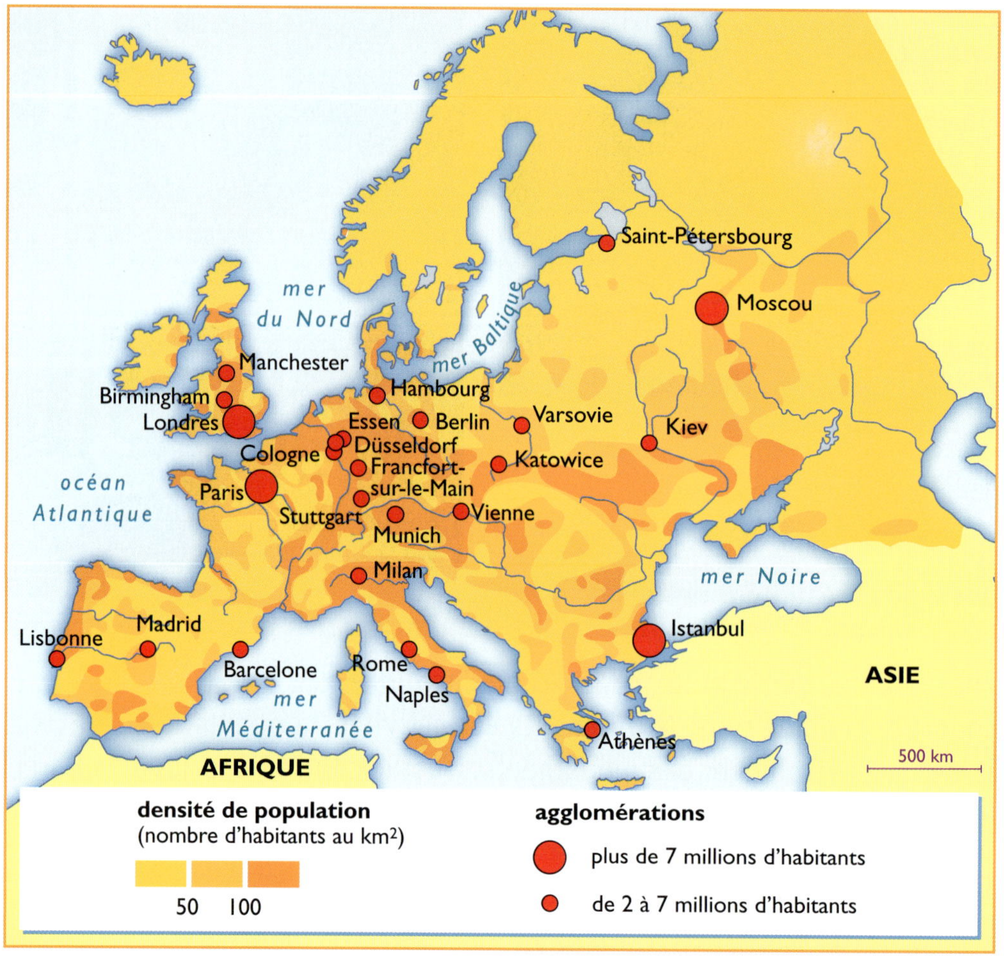

Doc. 1 : Les densités de population en Europe et les grandes agglomérations.

1. *Comment la population européenne se répartit-elle ?*
2. *Où les zones les plus densément peuplées se situent-elles ?*
3. *Où les régions les moins peuplées se situent-elles ?*
4. *En t'aidant des chapitres précédents, explique pourquoi ces régions sont moins peuplées.*
5. *Utilise la carte des États au début de ton livre et cite les pays les plus peuplés.*
6. *Quelles sont les agglomérations de plus de 7 millions d'habitants ? Où se situent-elles ?*

se répartit-elle ?

7. Dans quelle zone de peuplement ce paysage se situe-t-il (Doc. 2) ? Aide-toi du Doc. 1.

8. À quoi vois-tu que le peuplement est très dense dans cette région ?

Doc. 2 : De fortes concentrations de population (Amsterdam, Pays-Bas).

Doc. 3 : Des zones faiblement peuplées (Finlande).

9. Dans quelle zone de peuplement ce paysage se situe-t-il (Doc. 3) ? Aide-toi du Doc. 1.

10. À quoi vois-tu que le peuplement est très faible dans cette région ?

LE TROISIÈME FOYER DE PEUPLEMENT DU MONDE

Avec 728 millions d'habitants, l'Europe est le troisième foyer de peuplement après la Chine et l'Inde. [...] La population de l'Europe, fortement urbanisée, est concentrée dans les régions d'activité industrielle et commerciale majeure. La population rurale a progressivement émigré vers les villes. Celles-ci forment des ensembles concentrés (Londres, Paris) ou disposés en ruban urbain (Rhénanie, Italie du Nord). L'Europe compte plusieurs agglomérations de plus de 4 millions d'habitants : Madrid, Saint-Pétersbourg, Londres, Paris, Moscou.

Doc. 4

11. Quelle est la place de la population européenne dans le monde ?

12. Où se concentre-t-elle ?

Doc. 1 : La pyramide des âges des pays de l'Union européenne (INED, 2003).

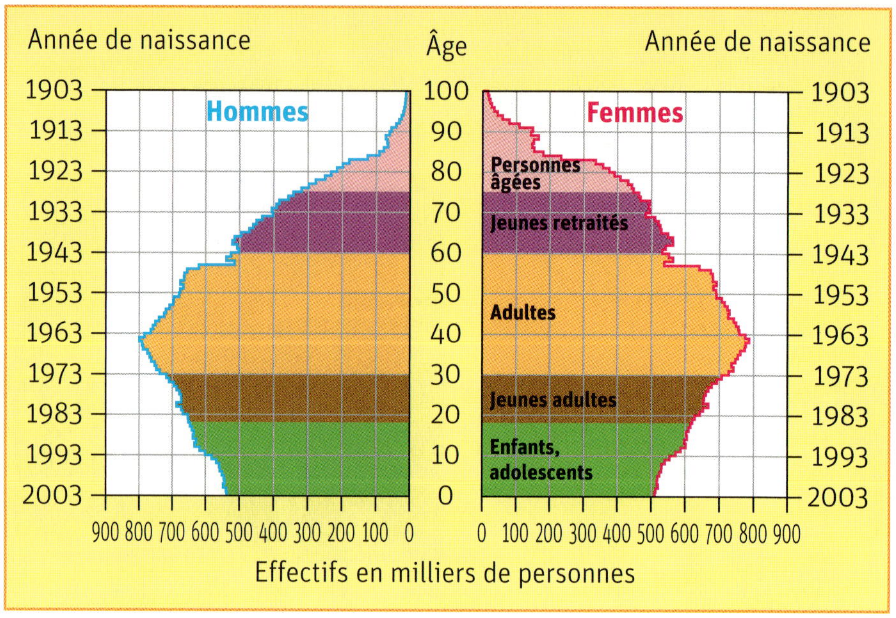

1. Quelle est la partie de la population la plus importante : la population jeune ou la population adulte ?

2. La base de la pyramide est-elle large ? Que peux-tu en déduire ?

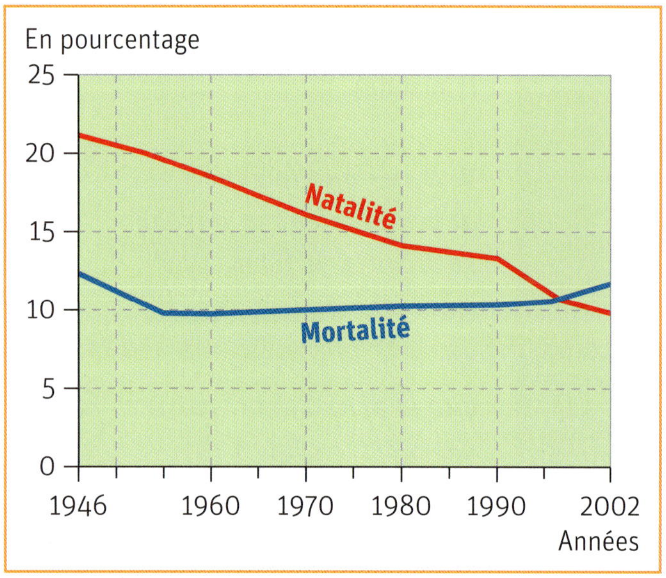

Doc. 2 : L'évolution des taux de natalité et de mortalité en Europe.

3. Comment la courbe de la natalité a-t-elle évolué depuis 1946 (Doc. 2) ?

4. Comment la courbe de la mortalité a-t-elle évolué ?

5. Que se passe-t-il depuis 1995 ?

6. Dans quelle catégorie de la population peux-tu situer ces touristes (Doc. 3) ?

7. Comment expliques-tu le vieillissement de la population européenne ? Aide-toi des Doc. 1 et 2.

Doc. 3 : Des touristes.

Doc. 4 : L'immigration européenne.

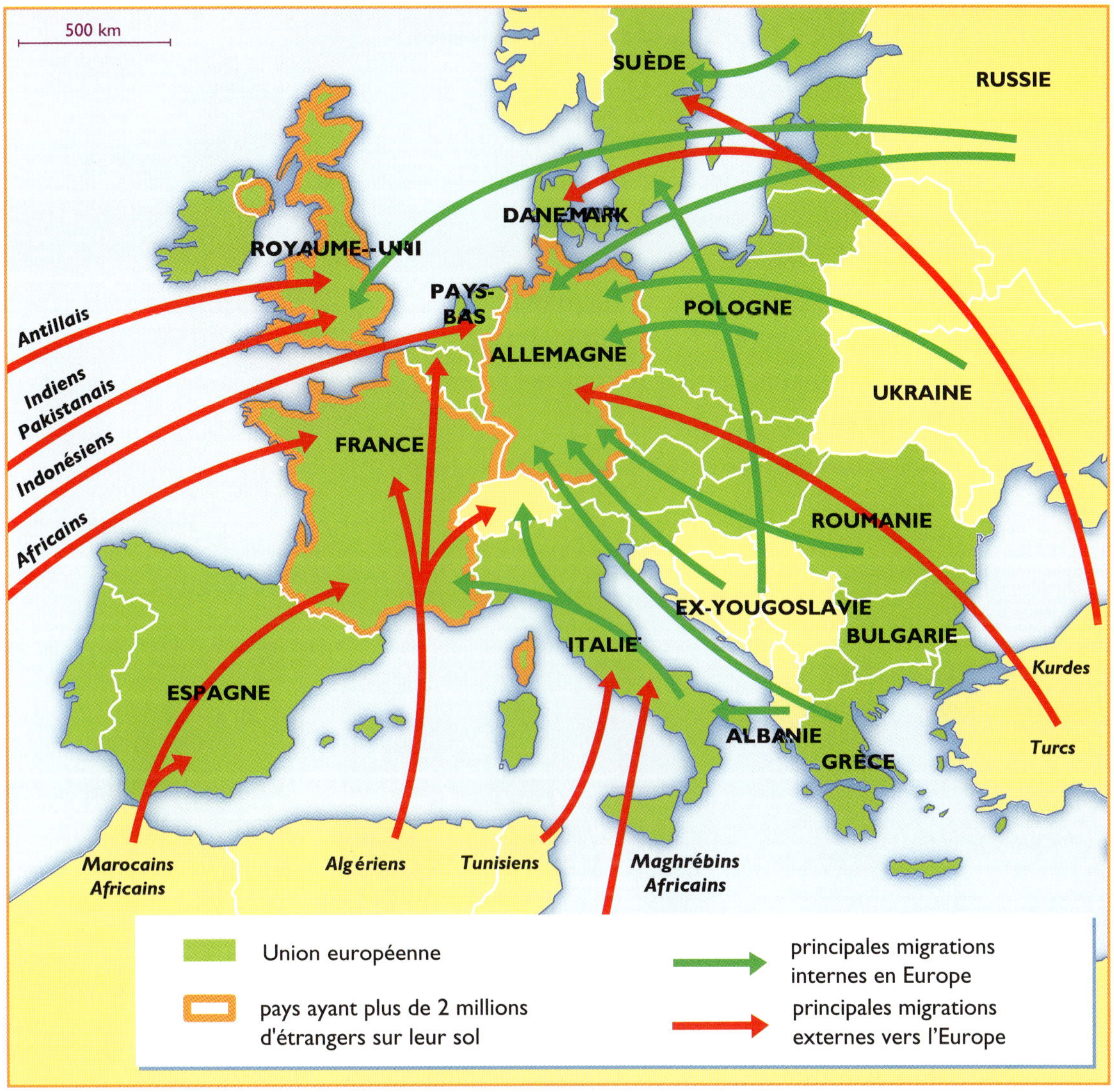

8. Dans quels pays les immigrés sont-ils les plus nombreux ?

9. De quelles régions du monde viennent-ils ?

10. D'après toi, pourquoi s'installent-ils en Europe ?

LES MIGRATIONS EN EUROPE

L'Europe, et surtout la France, a fait appel à des travailleurs originaires du Maghreb dans la période de reconstruction après la guerre [...] afin de combler un déficit de main-d'œuvre. Plus tard, sont arrivées en Europe des populations d'Afrique de l'Ouest. [...] À partir des années 1970, les réglementations se sont durcies et l'immigration a diminué. Toutefois, les immigrés déjà installés ont été autorisés à faire venir leur famille (regroupement familial). [...] Dans les années 1980, dans le cadre du traité de Maastricht, les pays de l'Union européenne ont décidé de fermer leurs frontières extérieures. Cette décision a entraîné une recrudescence de l'immigration clandestine.

Y. Lacoste, *Géographie*, © Éditions de la Cité, 1999, © Éditions de la Cité-Bordas/SEJER, 2004.

Doc. 5

11. Indique les grandes périodes d'immigration et l'origine des immigrants.

12. À partir de quand l'immigration a-t-elle diminué ? Pourquoi ?

13. Quelle a été la conséquence du traité de Maastricht sur l'immigration ?

En savoir plus sur... la population

L'espérance de vie

En 2004, l'espérance de vie moyenne des pays européens était de 75 ans. La Suède arrivait en tête (81 ans), suivie par la France, la Suisse et l'Italie (80 ans). La Hongrie et l'Ukraine fermaient la marche (68 ans). Un Européen de l'Est vit en moyenne 10 ans de moins (69 ans) qu'un Européen de l'Ouest (79 ans).

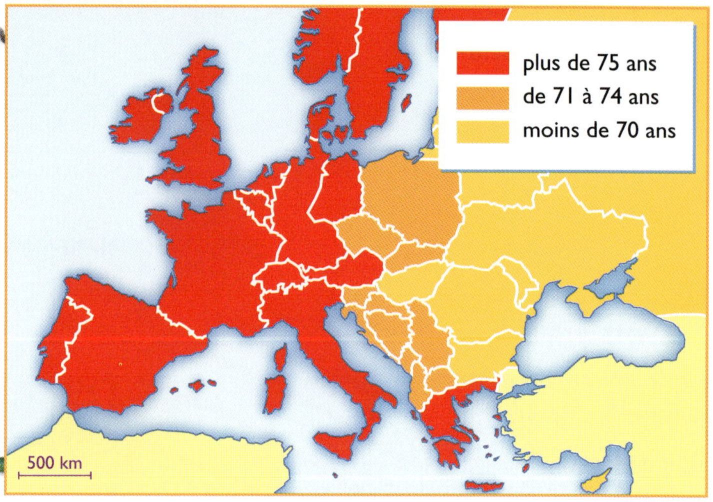

L'espérance de vie dans les pays européens (2003).

La principauté de Monaco.

Monaco : une densité de population record

Monaco détient le record mondial de densité de population : 16 410 habitants par km^2, avec une population entièrement urbaine. À l'opposé, l'Islande a la densité de population la plus faible d'Europe avec seulement 3 habitants par km^2.

Vive les bébés !

Avec plus de 800 000 bébés nés en 2006, les femmes françaises ont en moyenne deux enfants. Ce chiffre place la France en tête des pays européens pour le nombre des naissances.

Une maternité.

L'Allemagne, une société d'immigration

Plus de 7 millions de personnes issues de l'immigration vivent en Allemagne, soit près d'une personne sur dix. Un quart d'entre elles est né en Allemagne. La majorité y vit depuis 10 ans ou plus.

Un restaurant turc (Allemagne).

LEXIQUE

Densité de population : nombre d'habitants vivant sur un espace carré d'un kilomètre de côté.

Immigration : arrivée dans un pays de personnes nées à l'étranger.

Taux de mortalité : nombre de décès pour 1 000 habitants par an.

Taux de natalité : nombre de naissances pour 1 000 habitants par an.

CARNET DE ROUTE

Un foyer de peuplement

Avec 732 millions d'habitants, l'Europe est le **troisième foyer de peuplement** de la planète après la Chine et l'Inde. Les **taux de natalité et de mortalité** sont **très proches** et la population n'augmente pratiquement plus. **La population vieillit** : l'Europe est le continent qui a le plus grand nombre de personnes âgées et le moins de jeunes de moins de 15 ans.

L'inégale répartition de la population

L'Europe est **un continent très peuplé.** La **densité de population** moyenne est d'environ 70 habitants par km^2. Mais **la population est très inégalement répartie.**

Les densités sont très fortes sur une **diagonale qui va de l'Angleterre au Nord de l'Italie** avec plus de 400 habitants par km^2. Les régions les moins densément peuplées (moins de 10 habitants par km^2) sont situées au Nord de l'Europe et dans les hautes montagnes, à cause des conditions climatiques.

Un continent attractif

Les pays de l'Europe de l'Ouest attirent des personnes issues d'autres pays à la recherche d'un travail et d'une vie meilleure. Les **immigrants** conservent leurs **coutumes** et leur **religion** et ils **s'intègrent à leur pays d'accueil**. Depuis les années 1970, certains États sont devenus plus sévères en matière d'**immigration** en tentant de fermer leurs frontières. Depuis 1990, les immigrants en provenance des pays d'Europe centrale et orientale sont plus nombreux en France, au Royaume-Uni et en Allemagne.

Unité ou diversité des

L'Europe présente une grande variété de paysages en raison du relief, du climat, de la végétation et des aménagements effectués par les hommes au cours des siècles.

Doc. 1 : Un paysage agricole (Toscane, Italie).

1. Décris le paysage (éléments naturels et humains).
2. À quoi vois-tu qu'il s'agit d'un paysage agricole ?
3. À ton avis, cette région est-elle habitée depuis longtemps ?

paysages européens ?

Doc. 2 : B.A.S.F, la plus grande usine chimique d'Europe (Ludwigshafen, Allemagne).

4. Recherche dans un atlas sur quel fleuve se situe Ludwigshafen.

5. Quelle est l'activité principale de cette région ?

6. Décris le paysage créé par cette activité.

7. Repère Dubrovnik dans un atlas.

8. À quoi vois-tu qu'il s'agit d'une ville touristique ?

9. Qu'est-ce qui attire les visiteurs ?

Doc. 3 : Dubrovnik (Croatie).

Doc. 1 : **La Costa de sa Calma (Majorque, Baléares, Espagne).** Ce littoral était désert il y a 40 ans.

1. Décris les éléments naturels du paysage (Doc. 1).

2. À quoi vois-tu que cette ville est récente ?

3. Quelle est l'activité dominante ?

4. Au débouché de quel grand fleuve le port de Rotterdam se situe-t-il (Doc. 2) ?

5. Repère toutes les installations portuaires et décris-les.

6. Quelles voies de communication arrivent jusqu'au port ?

Doc. 2 : **Rotterdam (Pays-Bas) : le premier port du monde.**

Doc. 3 : Un échangeur autoroutier (Royaume-Uni).

7. Quel type d'aménagements observes-tu ?

8. Comment ces aménagements ont-ils transformé le paysage ?

Doc. 4 : Un espace agricole irrigué (Croatie).

9. Décris ce paysage.

10. Serait-il le même sans l'irrigation ? Aide-toi de la carte des climats page 18.

Le village de Matera

Situé en Italie du Sud, Matera surplombe une vallée profonde aux versants escarpés. Les « sassi » sont des habitations troglodytiques creusées sur ces pentes. Le site est classé au Patrimoine mondial de l'Humanité de l'UNESCO.

Le village de Matera (Sicile, Italie).

Au bord du Lough Corrib (Connemara, Irlande).

Le Connemara (Irlande)

Le Connemara est une région sauvage d'Irlande, avec des montagnes et des lacs. Le climat y est rude. Les troupeaux de moutons vont brouter dans des champs entourés de murets de pierre.

La bambouseraie de Prafrance

Ce jardin exotique unique en Europe se situe au pied des Cévennes. La forêt de bambous géants a été plantée à partir de 1856. Plusieurs films y ont été tournés.

Les bambous géants de Prafrance (Gard, France).

Les villages blancs andalous

Beaucoup de régions littorales méditerranéennes ont développé le tourisme de masse en construisant d'immenses installations côtières. D'autres régions protègent leur patrimoine historique et architectural pour attirer de nouveaux touristes. C'est le cas en Andalousie, au sud de l'Espagne.

Le village de Tahal (Andalousie, Espagne).

LEXIQUE

Irrigation : apport d'eau à la terre pour permettre les cultures.

Station balnéaire : station aménagée en bord de mer pour les vacances.

CARNET DE ROUTE

La diversité des paysages

Les paysages européens changent en fonction du relief (paysage de plaine ou de montagne), du climat (paysage océanique ou méditerranéen) et des aménagements humains. **Les paysages ont été façonnés par les hommes au cours de leur longue histoire**. Ils reflètent ainsi la diversité des économies, des patrimoines historiques et des inégalités de richesse entre les pays.

Des paysages très humanisés

Les hommes ont mis en valeur très tôt le territoire européen, sauf les régions froides. **Une des agricultures les plus riches du monde** s'est développée dans les plaines et les plateaux. Des **axes de circulation majeurs** ont été aménagés dans les vallées (Rhône, Rhin) où se concentrent les populations et les activités.

Dès l'Antiquité, les populations se sont installées dans le bassin méditerranéen (Grèce, empire romain). Les hommes se sont adaptés au climat sec en développant l'**irrigation** pour les cultures. Aujourd'hui, le soleil et la mer Méditerranée attirent les touristes.

Des aménagements divers

Les activités humaines transforment les paysages. Des **paysages touristiques** ont été aménagés sur les littoraux (**stations balnéaires**) et dans les montagnes. Les **industries** se sont concentrées le long des principaux axes de communication (vallée du Rhin). Des **ports** (Rotterdam) et des voies de **transports** (routes, chemin de fer, aéroports) ont été installés pour acheminer les hommes et les marchandises.

Quelles sont les grandes

L'Europe est, avec l'Amérique du Nord, le continent le plus urbanisé : 8 Européens sur 10 vivent en ville. Les grandes villes sont reliées entre elles par de nombreux axes de transport.

Doc. 1 : Les grandes villes européennes.

1. *Cite les villes d'Europe de plus de 7 millions d'habitants.*
2. *Dans quels pays se situent-elles ?*
3. *Dans quelle partie de l'Europe la plupart des grandes villes se concentrent-elles ?*

villes européennes ?

Doc. 2 : Le centre de Budapest (Hongrie).

4. Décris ce paysage urbain (Doc. 2).

5. Quel(s) adjectif(s) peux-tu utiliser pour qualifier ce centre : ancien, moderne, historique... ?

Doc. 3 : Une banlieue (Maisons-Alfort, France).

6. Décris les différents types d'habitat que tu observes (Doc. 3).

7. Compare ce paysage urbain de banlieue avec celui du Doc. 2.

Doc. 4 : Le centre des affaires de la City (Londres, Royaume-Uni).

8. Décris ce paysage urbain (Doc. 4).

9. D'après toi, quel type d'activités trouve-t-on dans ces immeubles ?

10. Compare ce paysage urbain avec ceux des Doc. 2 et 3.

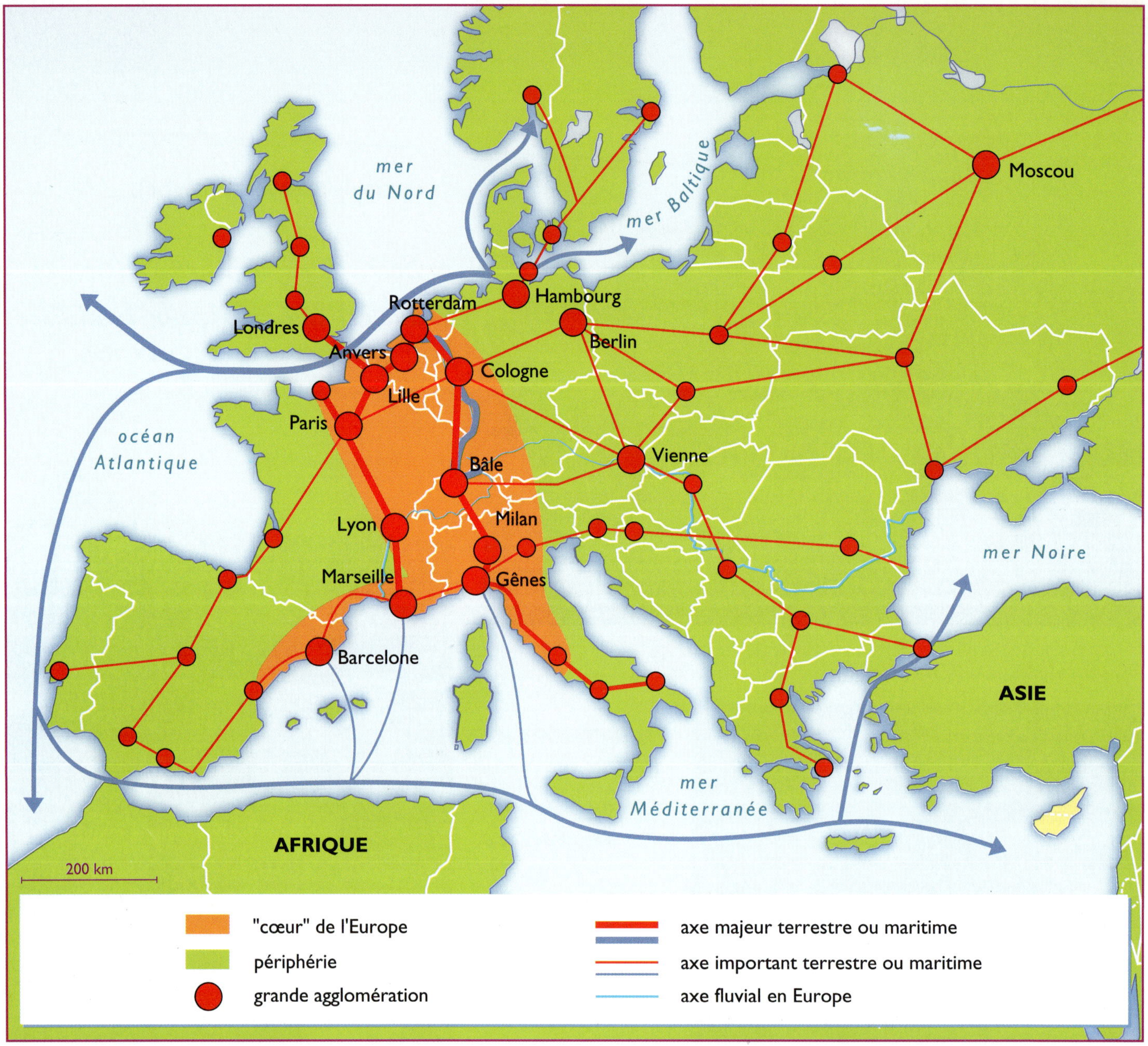

Doc. 1 : Les transports en Europe.

1. Dans quelle partie de l'Europe les axes majeurs de communication sont-ils situés ?
2. Quelles grandes villes relient-ils entre elles ?
3. Décris les axes de communication qui vont d'est en ouest.
4. Quel est le lien entre les grandes villes et les grandes voies de communication ?

LES TRANSPORTS EN EUROPE

L'Europe est le plus petit des cinq continents mais, avec une densité de l'ordre de 120 habitants par km^2, le problème des transports est d'emblée très différent de ce qu'il peut être notamment en Amérique du Nord (31 habitants par km^2 aux États-Unis, 3 habitants par km^2 au Canada). De fortes densités de population engendrent inévitablement d'énormes flux de personnes et de marchandises qui justifient à leur tour d'importants investissements dans les voies de communication et le matériel de transport.

J.-C. Lasserre, « Les Transports en Europe », *Le Monde dans tous ses États*, Presses de l'Université du Québec, 2006.

Doc. 2

5. Pourquoi les transports sont-ils très importants en Europe ?
6. D'après toi, pourquoi les grandes villes sont-elles aussi des carrefours de communications ?

Doc. 3 : La vallée du Rhin (Duisbourg, Allemagne).

7. À quoi vois-tu que cette vallée est un axe de communication important ?
8. Décris les types de transport que tu observes.

9. Quelles voies de communication observes-tu (Doc. 4) ?
10. Pourquoi sont-elles situées près de l'aéroport ?
11. Décalque la photographie pour réaliser un croquis de paysage. Localise bien les différentes voies de communication.

Doc. 4 : L'aéroport international de Francfort (Allemagne).

En savoir plus sur... les villes

La population urbaine et la population rurale

Dans la presque totalité des pays européens, la population urbaine est toujours supérieure à la population rurale. Les Pays-Bas, la Belgique et l'Italie comptent plus de 90 % de citadins. Seuls l'Irlande, le Portugal et la Roumanie ont toujours une population rurale importante.

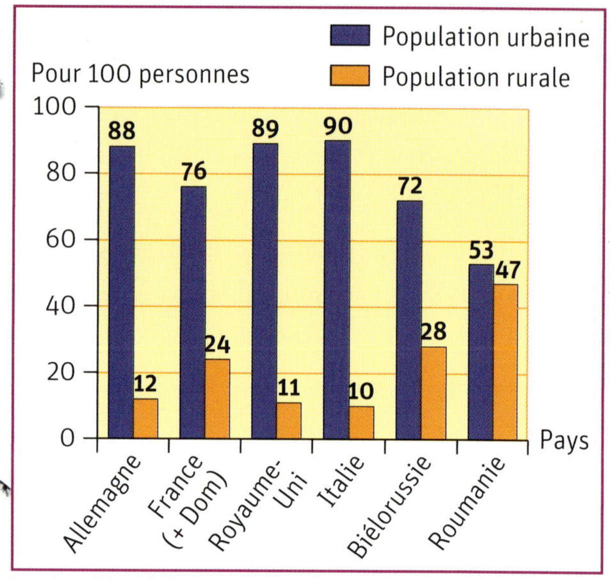

La répartition de la population urbaine et de la population rurale dans quelques pays d'Europe (en 2005).

Le tramway d'Amsterdam (Pays-Bas).

Un tramway dans la ville

De nombreuses lignes de tramway sont aujourd'hui mises en place dans les grandes villes européennes de plus de 500 000 habitants. Ce transport public cohabite bien avec les autres moyens de transports urbains (voiture, bus, vélo et marche à pieds).

L'Eurostar

L'Eurostar est le train à grande vitesse entre Londres et Paris. Un réseau de TGV relie une grande partie des villes européennes.

L'Eurostar sort du tunnel sous la Manche.

Une voie romaine

Dans l'Antiquité, les Romains ont construit des routes dans tout l'Empire (34 000 km rien que pour la Gaule) pour se déplacer et faire du commerce entre les villes. Certaines de ces voies existent encore.

La via Ostiense (Italie).

LEXIQUE

Agglomération : espace urbain formé d'une ville et de ses banlieues.

Mégalopole : région urbaine de très grande dimension qui regroupe plusieurs agglomérations.

Urbanisation : concentration de la population dans les villes.

CARNET DE ROUTE

Un réseau dense de villes

L'Europe se caractérise par une forte **urbanisation**, avec de nombreuses **agglomérations**. Moscou, Paris et Londres sont les trois plus grandes. La région qui s'étend sur 1 500 km du sud de l'Angleterre au nord de l'Italie représente **la plus forte concentration de villes** : c'est la **mégalopole** européenne. D'autres grandes agglomérations (Paris, Hambourg, Madrid, Rome…) sont plus isolées, mais elles sont bien reliées à la mégalopole.

Certains pays sont **très urbanisés** avec plus de 90 % de citadins (Pays-Bas, Belgique). D'autres le sont moins (Irlande, Portugal).

L'organisation interne des villes

Les villes sont fortement **marquées par leur histoire**. Les **centres-villes** sont anciens et riches en **monuments**. De nouveaux quartiers à l'architecture moderne s'y sont créés, comme les **centres d'affaires**. Les villes sont entourées de **banlieues** composées de pavillons, de lotissements, de barres et de tours qui débordent sur l'espace rural.

Un réseau dense de communications

De **nombreuses voies de communication** terrestres, fluviales, aériennes et maritimes traversent l'Europe. Les principaux axes de communication sont **orientés Nord-Sud** et relient les agglomérations entre elles. Les grands ports maritimes (Rotterdam, Hambourg) sont également reliés à ces axes.

Je décris la pyramide des âges de la France

La pyramide des âges est un graphique qui permet de visualiser la composition d'une population, par âge et par sexe.

- La pyramide est divisée en deux parties qui forment deux graphiques : à droite les femmes, à gauche les hommes.
- L'axe horizontal représente le nombre de personnes.
- Les axes verticaux représentent les années de naissance des personnes. L'âge des personnes est rappelé dans la colonne du milieu.

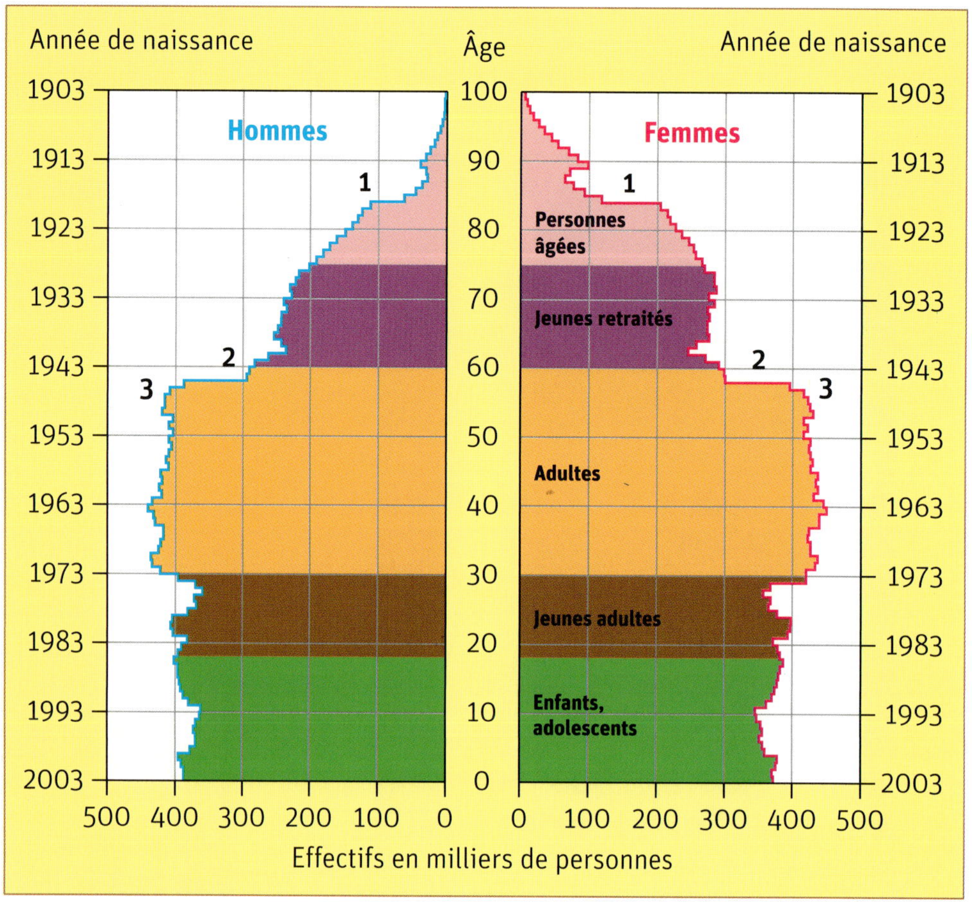

La pyramide des âges de la France (INED, 2005).

J'analyse la pyramide des âges de la France

Pour analyser une pyramide des âges, tu dois suivre plusieurs étapes.

- Regarde le nombre de femmes et d'hommes. En France, il y a à peu près autant de femmes que d'hommes. Mais les femmes sont plus nombreuses au sommet de la pyramide : elles vivent plus longtemps que les hommes.
- Observe l'irrégularité de la pyramide de la base au sommet. Elle présente des creux et des bombements qui sont numérotés sur le graphique :
  1) la diminution des naissances due à la Première Guerre mondiale (1914-1918) ;
  2) la diminution des naissances due à la Seconde Guerre mondiale (1939-1945) ;
  3) le grand nombre de naissances du « baby-boom » (de 1946 à 1973).

J'analyse la pyramide des âges de l'Allemagne

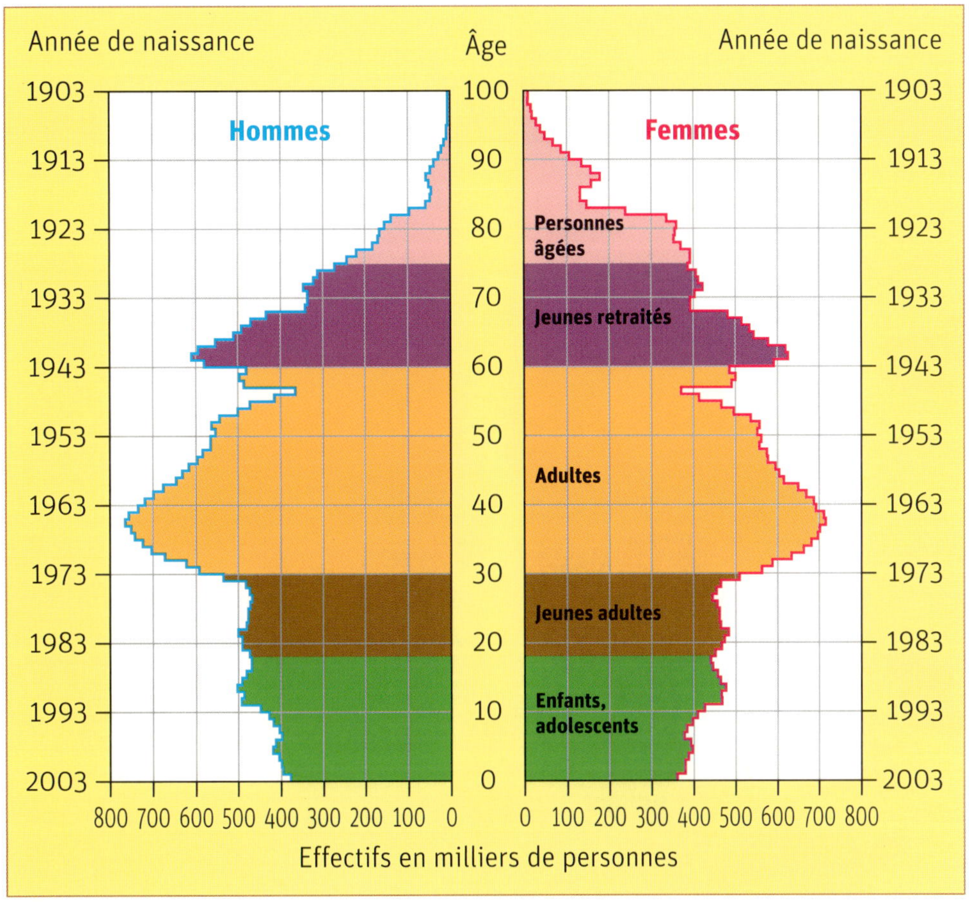

La pyramide des âges de l'Allemagne (2005).

À toi d'analyser la pyramide des âges de l'Allemagne, puis de la comparer avec celle de la France.

- Décris la pyramide :
  - le nombre de femmes et d'hommes ;
  - la largeur de la base : plus la base est large, plus les jeunes sont nombreux dans la population. Au contraire, plus la base est étroite, moins les jeunes sont nombreux dans la population ;
  - la répartition par âges : les plus de 60 ans sont-ils très nombreux ? et les jeunes ?
- Observe les creux et les bombements de la pyramide des âges de l'Allemagne. Compare-les avec ceux de la pyramide des âges de la France :
  - observes-tu le creux de la Première Guerre mondiale ? celui de la Seconde Guerre mondiale ?
  - le « baby-boom » de l'après-guerre est-il visible ?

Quelles sont les inégalités

L'Europe est un continent riche et développé.
Mais la richesse n'est pas répartie de la même façon entre les pays de l'Ouest et du Nord de l'Europe et ceux du Centre et de l'Est.

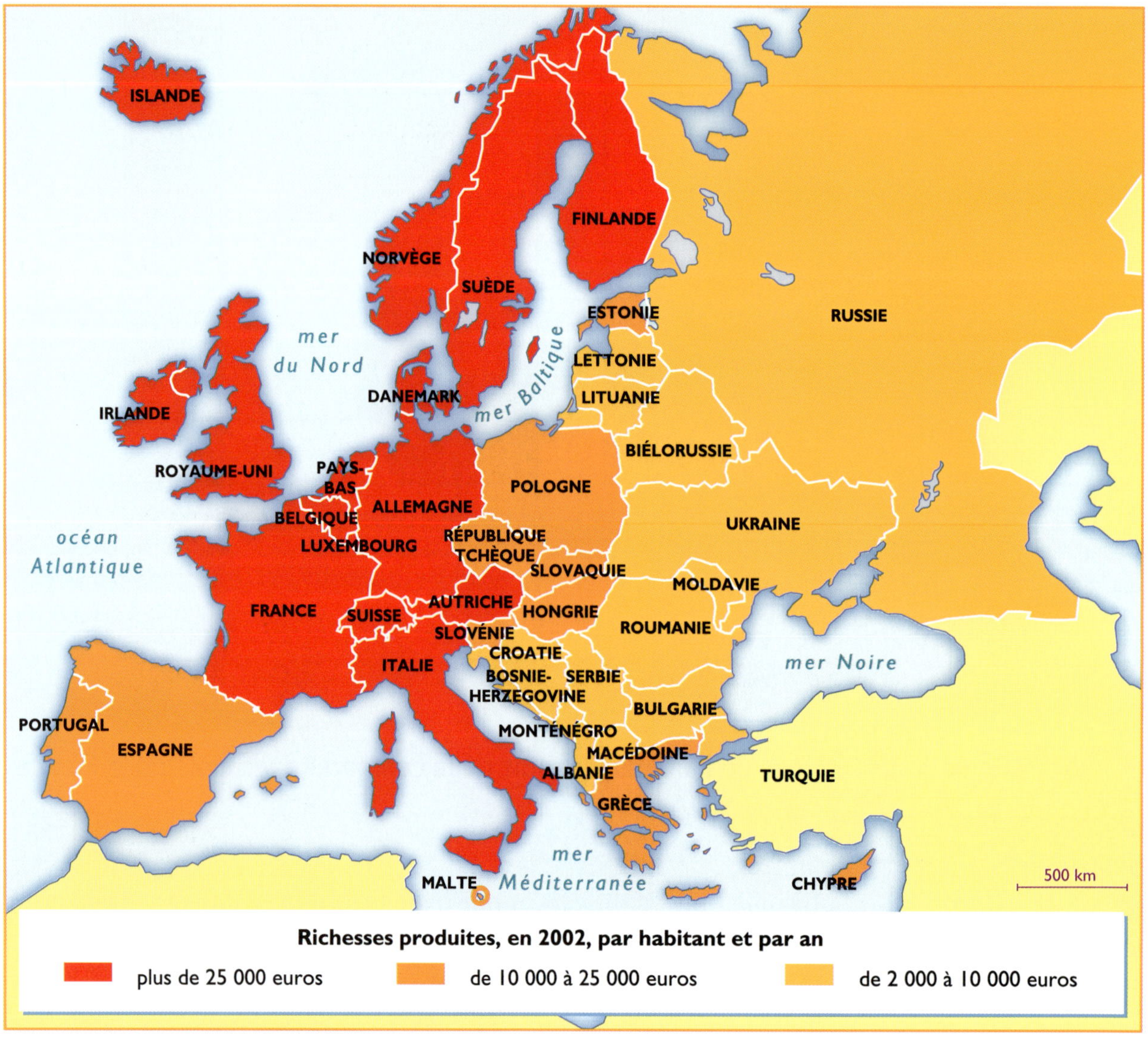

Doc. 1 : Les inégalités de richesse en Europe.

1. *Où sont situés les pays les plus riches ? Cites-en quelques-uns.*
2. *Où sont situés les pays les moins riches ? Cites-en quelques-uns.*
3. *Quels pays ont une richesse comprise entre 10 000 et 25 000 euros ?*

de richesse en Europe ?

UN CONTINENT RICHE

Puissante « machine » à produire et à échanger, l'Europe occupe une place importante dans l'économie mondiale. Elle comptait pour à peu près 20 % de la richesse mondiale en 2002, comparativement à 21 % pour les États-Unis et à 14 % pour le Japon [...]. L'Europe effectuait près de 25 % des échanges mondiaux, soit près du double des États-Unis et du Japon. Après avoir compté pendant plus d'un siècle sur sa capacité de production industrielle, l'Europe mise maintenant sur son savoir-faire à fort contenu technologique (agroalimentaire, biotechnologie, communications et transports, pharmaceutique, tourisme).

Doc. 2 D'après J.-L. Klein, F. Lasserre, *Le Monde dans tous ses États*, Presses de l'Université du Québec, 2006.

4. Quelle place l'Europe occupait-elle dans le monde pour la production de richesses en 2002 ?

5. Quel rang occupait-elle dans les échanges mondiaux ?

6. Sur quoi la richesse de l'Europe est-elle fondée aujourd'hui ?

Doc. 3 : Une campagne dans le Bassin parisien (France). La grande culture industrielle domine dans cette région.

7. Compare les Doc. 3 et 4 : le type de champs et de cultures, le travail des paysans...

8. Quels adjectifs peux-tu utiliser pour qualifier chacune de ces agricultures : riche, vivrière, intensive, pauvre, mécanisée, manuelle... ?

9. Situe la France et la Roumanie sur le Doc. 1. Que peux-tu en conclure ?

Doc. 4 : Une campagne en Roumanie. Les petites exploitations traditionnelles fournissent plus de la moitié de la production agricole du pays.

Quels sont les grands

1. Repère les différentes parties de l'Europe. Pour chacune d'entre elles, cite quelques États.

2. Compare avec le Doc. 1 page 46. Dans quelle partie de l'Europe « le cœur » et les bordures se situent-ils ? et l'Europe pauvre ?

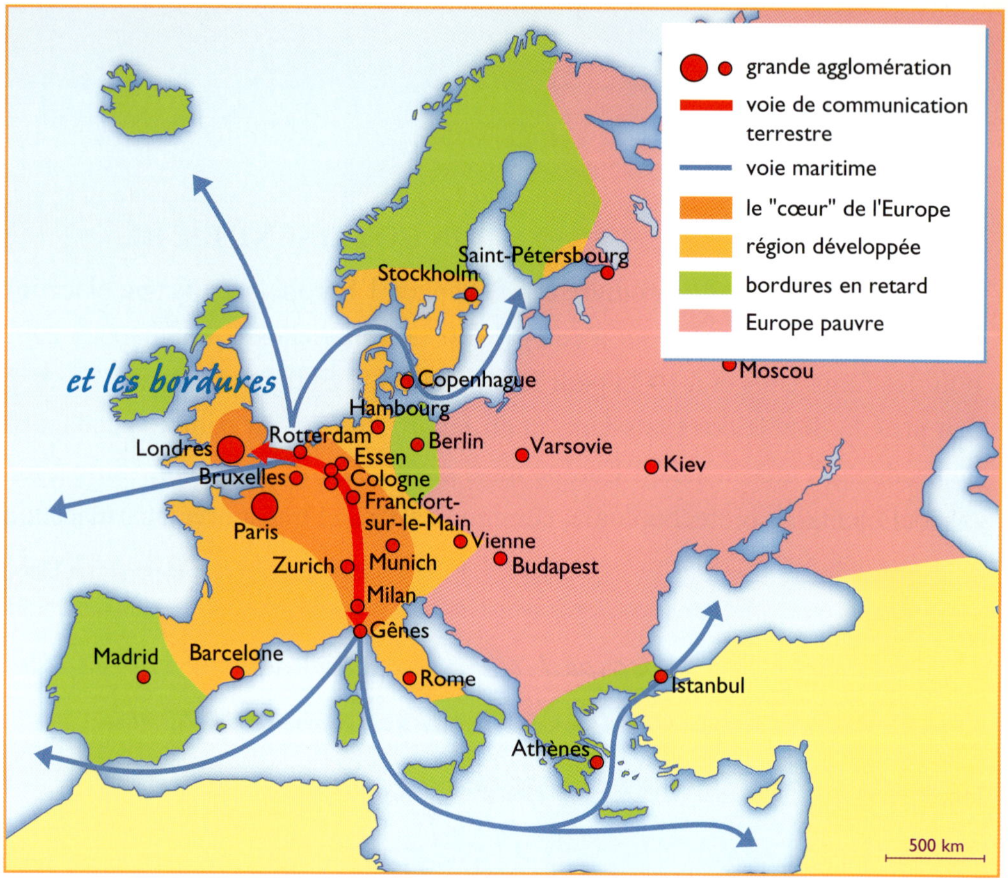

Doc. 1 : L'organisation de l'espace européen.

LA SANTÉ EN EUROPE EN 2002

L'écart d'espérance de vie va croissant entre les pays à fort et faible revenu, et à l'intérieur de ces pays. L'écart entre l'espérance de vie la plus longue et la plus courte n'est que de 2 ans en Suède, mais il atteint jusqu'à 15 ans dans la Fédération de Russie. Au cours de la dernière décennie, l'espérance de vie a augmenté dans l'ensemble de l'Europe mais a chuté dans la plupart des nouveaux États indépendants issus de l'ex-URSS (NEI). En moyenne, on meurt 10 ans plus jeune dans les NEI que dans les pays d'Europe occidentale. […] L'espérance de vie en bonne santé se situe en moyenne à 56 ans dans les NEI, bien loin de la moyenne de 70 ans dans les pays occidentaux.

Rapport de l'OMS (Organisation mondiale de la santé), 2002.

Doc. 2

3. À quoi l'écart d'espérance de vie entre les États de l'Europe est-il dû ?

4. Combien d'années un Européen de l'Ouest vit-il de plus en moyenne qu'un Européen de l'Est ?

5. Dans quelle partie de l'Europe la Suède se situe-t-elle ? et la Russie ?

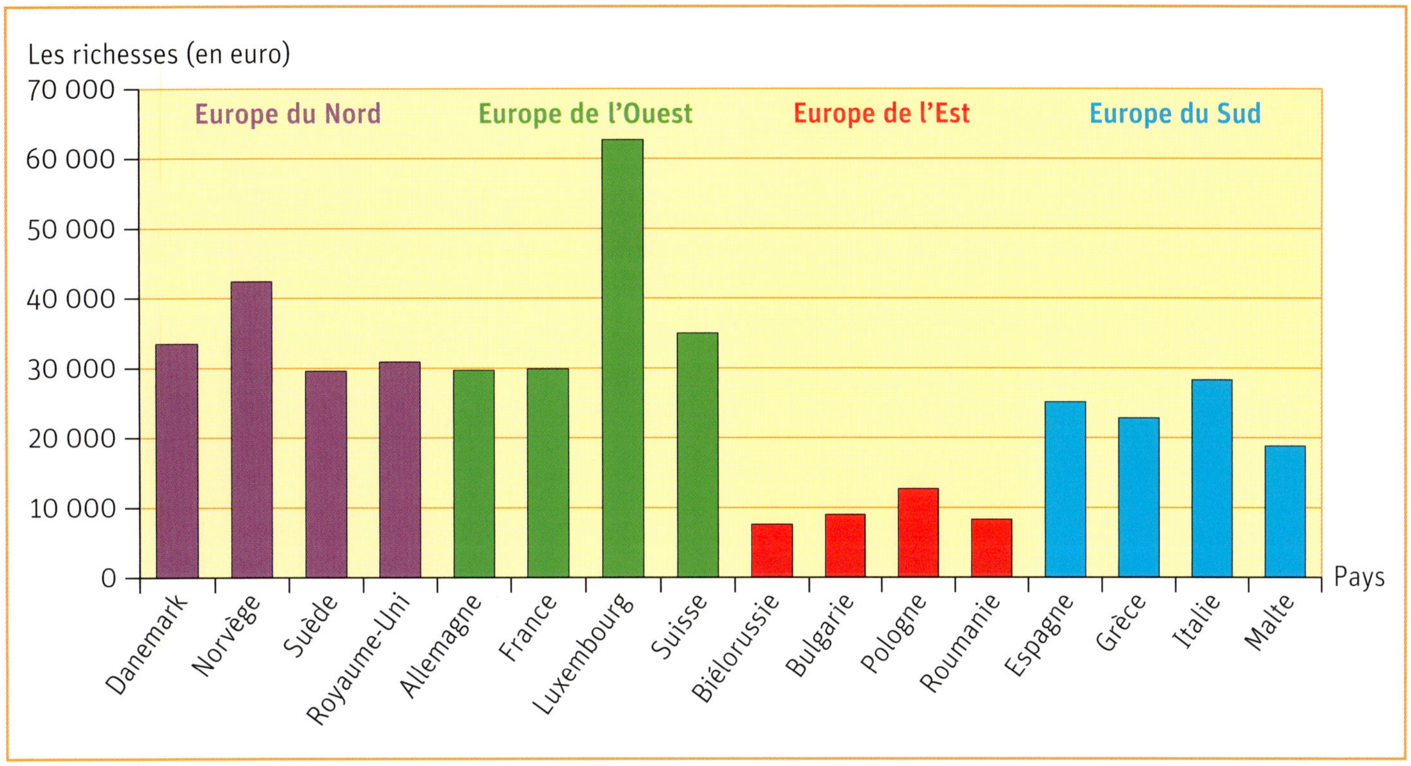

Doc. 3 : Les richesses produites par habitant en euros en 2005.

6. Combien un Luxembourgeois produit-il de richesses par rapport à un Roumain ?

7. Quelle est la partie de l'Europe la plus défavorisée ?

8. Que peut-on dire de l'Europe du Sud par rapport à l'Europe du Nord et de l'Ouest ?

DES CONDITIONS DE VIE INÉGALES

Les Suédois vivent 17 ans de plus que les Russes. Un Suisse a dix fois plus de revenu qu'un Ukrainien. En Roumanie, 47 % des [familles] en 2001 ne disposaient pas d'eau chaude contre 2 % en France. Les 10 % de Français les plus pauvres ont un revenu presque égal au revenu moyen portugais et deux fois plus élevé que les revenus moyens polonais ou russe.

D'après L'Observatoire des inégalités, *La Pauvreté en Europe*, 14 janvier 2006.

Doc. 4

9. Situe chacun des pays cités dans le texte sur la carte des richesses (Doc. 1 page 46) et sur la carte de l'organisation de l'espace européen (Doc. 1 page 48).

10. À quelle partie de l'Europe chacun de ces pays appartient-il ?

En savoir plus sur... les inégalités

Le siège social de Total Fina Elf à La Défense (Paris, France).

Les sièges sociaux des grandes entreprises

Les grandes entreprises internationales ont leurs bureaux de direction principalement à Londres (Royaume-Uni), Paris (France), Francfort et Hambourg (Allemagne) : c'est la partie la plus riche de l'Europe. L'architecture futuriste des immeubles est un signe de leur puissance.

Des hommes et des femmes sur leur lieu de travail.

Les différences de salaires entre les hommes et les femmes

L'inégalité de richesse se mesure aussi entre les hommes et les femmes. Dans tous les pays européens, pour le même travail, une femme est moins bien payée qu'un homme. Pourtant, les femmes ont souvent fait des études plus longues et sont plus diplômées.

Les SDF dans les pays riches

Dans tous les pays d'Europe, les « Sans domicile fixe » sont de plus en plus nombreux. Ils sont sans abri, sans travail régulier et sans revenus. Ils vivent surtout dans les grandes villes des pays les plus riches.

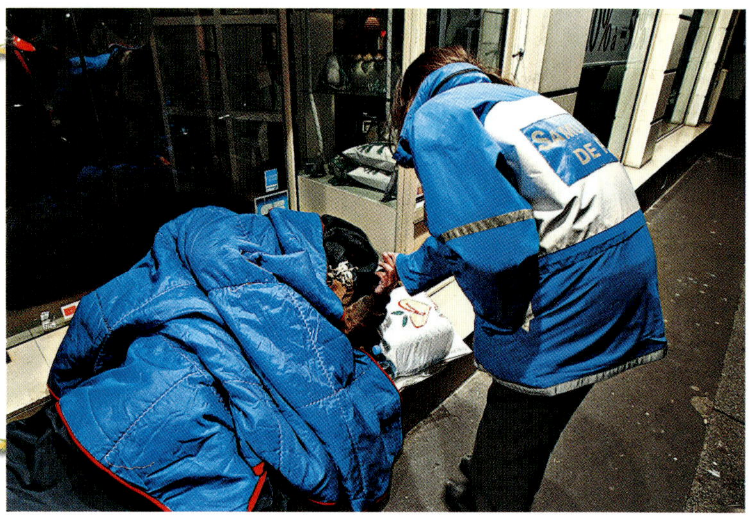

Un bénévole du Samu Social aide un SDF (Paris, France).

Le téléphone portable

Plus de 6 habitants de l'Europe de l'Ouest sur 10 possèdent un téléphone portable. Dans les pays de l'Europe de l'Est, seuls 4 habitants sur 10 sont équipés.

Les Européens et leur portable.

LEXIQUE

Développement humain : amélioration des conditions de vie d'une population (espérance de vie, scolarité, revenus, santé).

Niveau de vie : manière de vivre d'une population.

CARNET DE ROUTE

Un continent riche

L'Europe est un **continent riche**. Son **niveau de vie** et le **revenu par habitant** sont les plus élevés de tous les continents. Sa **puissance économique** rivalise avec celle des États-Unis et du Japon. L'Europe est la **première puissance commerciale** du monde ainsi qu'une grande puissance **industrielle** et **agricole**. Elle est aussi le **premier espace touristique** du monde.

Des inégalités de richesse et de développement

De **fortes inégalités de richesse** et de **développement humain** existent **entre les pays européens**.

– Les **pays de l'Ouest et du Nord** de l'Europe sont les plus riches et sont très industrialisés. Leur agriculture est puissante. Les régions du « **cœur de l'Europe** » (de l'Angleterre à l'Italie du Nord) produisent plus de la moitié des richesses de l'Europe de l'Ouest.

– Les **pays de l'extrême Sud** (Espagne, Portugal, Grèce…) sont moins riches.

– Les **pays de l'Europe centrale et orientale** sont les plus pauvres et présentent un grand retard économique.

Des inégalités au sein des pays

La richesse est également **mal répartie au sein de chaque pays européen. Certaines régions sont défavorisées**, notamment les campagnes. Dans tous les pays, des écarts de revenus importants entraînent de **fortes inégalités sociales**.

Quels sont les États

L'Union européenne est une organisation économique et politique qui regroupe aujourd'hui 27 États.
Elle est un espace de paix et de prospérité.

Doc. 1 : Les étapes de la construction européenne.

1. Pourquoi dit-on que l'Union européenne est une « construction » ?

2. Combien de pays l'ont-ils fondée en 1957 ?

3. À quelle partie de l'Europe ces pays appartiennent-ils ? (Aide-toi du chapitre précédent.)

4. À quelle partie de l'Europe la plupart des pays entrés dans l'Union européenne depuis 2004 appartiennent-ils ?

de l'Union européenne ?

Doc. 2

LE TRAITÉ DE ROME (1957)

Six pays européens signent en 1957 le traité de Rome qui fonde la Communauté économique européenne (CEE) : la France, l'Allemagne, l'Italie, la Belgique, les Pays-Bas et le Luxembourg.

Article 2 : La Communauté a pour mission, par l'établissement d'un marché commun, de promouvoir une expansion continue et équilibrée […].
À ces fins, l'action de la Communauté comporte :
- l'élimination entre les États membres des droits de douane […] ;
- l'abolition, entre les États membres, des obstacles à la libre circulation des personnes, des services et des capitaux ;
- l'instauration d'une politique agricole commune […] ;
- l'instauration d'une politique commune dans le domaine des transports.

5. Quel est l'objectif du traité de Rome (Doc. 2) ?

6. Dans quels domaines ces 6 pays décident-ils d'actions communes ?

Doc. 3 : Une caricature de Plantu.

7. À qui le personnage envoyé par l'Union européenne parle-t-il (Doc. 3) ?

8. Pourquoi « n'a-t-on plus besoin » du douanier ? Aide-toi du Doc. 2.

9. Quels objectifs l'Union européenne se donne-t-elle (Doc. 4) ?

10. Quelle monnaie unique européenne a été créée depuis ?

Doc. 4

LE TRAITÉ DE MAASTRICHT (1992)

Signé par 12 États en 1992, le traité de Maastricht instaure l'Union européenne.
L'Union se donne pour objectifs :
- […] l'établissement d'une union économique et monétaire comportant à terme une monnaie unique ;
- […] une politique de défense commune ;
- […] l'instauration d'une citoyenneté européenne.

Comment l'Union européenne

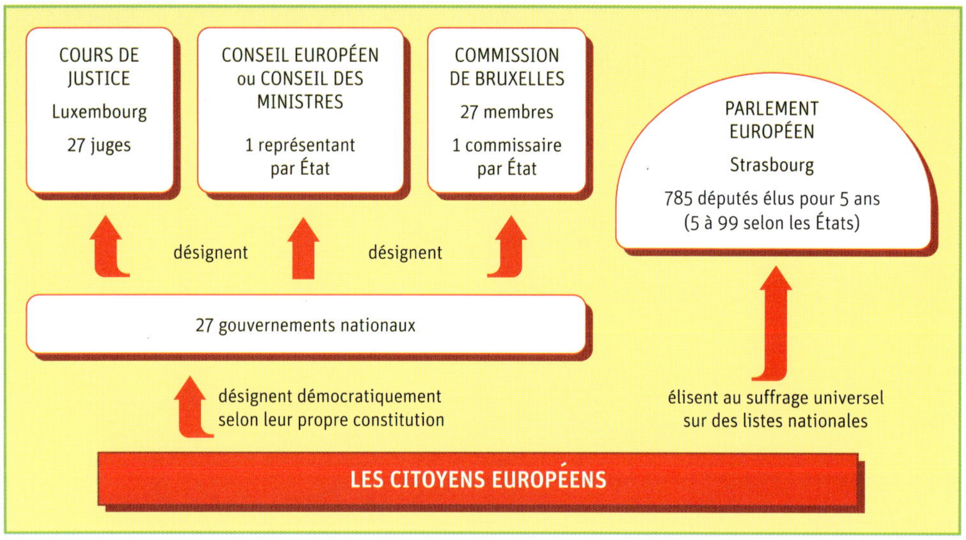

Doc. 1 : Les institutions de l'Union européenne.

1. Par qui les députés du Parlement européen sont-ils élus ?

2. Qui désigne les juges de la Cour de Justice ? les membres du Conseil européen ? les membres de la Commission ?

Doc. 2 : Le Parlement européen (Strasbourg, France).

3. Qui siège au Parlement européen ? Aide-toi du Doc. 1.

4. D'après toi, pourquoi a-t-on choisi Strasbourg, à la frontière franco-allemande, comme siège du Parlement européen ? Aide-toi de ton manuel d'histoire.

Doc. 3 : La Commission européenne (Bruxelles, Belgique).

5. Fais une recherche sur le rôle de la Commission européenne dans le fonctionnement de l'Union.

Doc. 4 : La Cour de Justice européenne (Luxembourg, État du Luxembourg).

6. Fais une recherche sur le rôle de la Cour de Justice européenne.

7. Regarde la carte page 52. À quelle date les pays où siègent les institutions européennes ont-ils adhéré à la Communauté économique européenne ?

L'affiche du cinquantenaire de la signature du traité de Rome.

La Journée de l'Europe

Le traité de Rome a été signé le 25 mars 1957. À l'occasion de son cinquantième anniversaire en 2007, le Parlement européen a publié cette affiche. La plante, entre les mains d'un citoyen européen, représente l'Europe qui ne cesse de croître et de se développer.

Le drapeau de l'Union européenne.

Le drapeau européen

Le drapeau européen est composé d'un cercle de douze étoiles. Ils représente la solidarité et l'harmonie entre les peuples d'Europe. Le nombre d'étoiles n'est pas lié au nombre d'États membres de l'Union européenne.

L'hymne européen

L'hymne est un extrait de la Neuvième symphonie de Beethoven (« L'Ode à la joie »). Les chefs d'État et de gouvernement de l'Union européenne en ont fait l'hymne officiel de l'Union européenne en 1985.

européenne

La pièce d'un euro, pile et face…

Côté pile, toutes les pièces sont identiques. Côté face, elles varient d'un pays à l'autre : le roi en Espagne, la reine aux Pays-Bas, l'aigle en Allemagne, une harpe en Irlande, des fleurs en Finlande, un dessin de Léonard de Vinci en Italie… La pièce française porte l'arbre de la Liberté et la devise républicaine.

Quelques pièces d'un euro.

LEXIQUE

Citoyenneté : participation active et responsable à la vie de la commune et du pays.

Euro : monnaie unique européenne qui a remplacé les monnaies nationales en 2002. En 2007, treize États l'avaient adoptée.

CARNET DE ROUTE

L'Union européenne, une construction

L'idée de réunir des pays européens pour **garantir la paix et la prospérité** est née après la Seconde Guerre mondiale. Six États d'Europe de l'Ouest ont créé la **Communauté économique européenne** (CEE) en 1957. D'autres pays d'Europe sont ensuite entrés dans la CEE. En 1992, la CEE est devenue l'**Union européenne**. Elle compte **27 États membres** en 2007.

L'Union européenne a ses **symboles** : un drapeau, une devise et un hymne.

Les institutions de l'Union européenne

L'Union européenne s'est dotée d'**institutions** :

– la **Commission européenne** prépare et exécute les décisions. Elle siège à Bruxelles ;

– le **Conseil européen** prend les décisions. Il siège à Bruxelles ;

– le **Parlement européen** donne des avis. Il siège à Strasbourg ;

– la **Cour européenne de Justice** règle les conflits entre les États membres. Elle siège à Luxembourg ;

– la **Banque centrale européenne** est en charge de l'**euro**. Elle siège à Francfort.

Le fonctionnement de l'Union européenne

L'Union européenne est une **construction économique** : **les marchandises, les personnes et les capitaux y circulent librement**. Des réalisations concrètes témoignent de ces liens économiques entre les pays (Airbus, Ariane, la politique agricole commune…). En 1992, le traité de Maastricht a instauré une **citoyenneté** européenne. **Une monnaie unique**, l'**euro**, a remplacé les monnaies nationales en 2002.

J'étudie la répartition de la population en Italie

Pour étudier un pays, tu dois commencer par te renseigner sur sa population et sur les liens entre les villes.

- Cherche une carte des densités de population avec la localisation des principales villes et des grands axes de transports.
- Remarque que les densités de population les plus importantes sont situées dans le Nord et sur les littoraux.
- Observe que les villes et les transports sont concentrés dans le Nord et sur les littoraux.

Les densités de population et les voies de communication en Italie.

Le climat et le relief en Italie.

- Regarde la carte des reliefs et des climats italiens. Tu constates que les densités de population sont plus faibles dans les zones montagneuses et méditerranéennes où la sécheresse est importante.

J'analyse l'organisation de l'espace

- Tu remarques que l'industrie italienne est concentrée dans le Nord, autour des plus grandes villes et aux principaux carrefours de communications. C'est également au Nord que s'est développée la grande agriculture industrielle.
- Tu observes que le Sud est très peu industrialisé et conserve une agriculture traditionnelle.
- Tu vois que l'Italie est un grand pays touristique.
- Tu compares la carte des activités avec la carte des densités de population. Tu constates que la population est concentrée dans les régions où les activités industrielles sont les plus développées : au Nord.

La répartition des activités en Italie.

Je fais la fiche du pays dont j'étudie la langue

Pour réaliser la fiche d'un autre pays, tu dois suivre plusieurs étapes.

- Cherche des documents, des chiffres et des cartes. Tu peux aller sur Internet (site du ministère des Affaires étrangères ou de l'INED), chercher dans un atlas ou dans des manuels du collège.
- Étudie la répartition de la population, la localisation des grandes villes et les principaux axes de communications.
- Observe une carte des climats et des reliefs du pays pour savoir s'ils jouent un rôle dans l'organisation de l'espace (présence de hautes montagnes, climat hostile...).
- Étudie une carte de la répartition des activités : l'industrie, l'agriculture, le tourisme... et compare-la avec la carte de la répartition de la population pour comprendre comment s'organise l'espace de ce pays.

Petit dictionnaire des paysages européens

A

Agglomération : espace urbain formé d'une ville et de ses banlieues.

C

Citoyenneté : participation active et responsable à la vie de la commune et du pays.

Climat : ensemble des types de temps qui se succèdent sur une année. Le climat se définit par les températures, les précipitations et les vents.

Continent : vaste étendue de terres entourée de mers.

D

Densité de population : nombre d'habitants vivant sur un espace carré d'un kilomètre de côté.

Développement humain : amélioration des conditions de vie d'une population (espérance de vie, scolarité, revenus, santé).

E - F

Euro : monnaie unique européenne qui a remplacé les monnaies nationales en 2002. En 2007, treize États l'avaient adoptée.

Fjord : ancienne vallée glaciaire envahie par la mer.

I

Immigration : arrivée dans un pays de personnes nées à l'étranger.

Irrigation : apport d'eau à la terre pour permettre les cultures.

M - N

Mégalopole : région urbaine de très grande dimension qui regroupe plusieurs agglomérations.

Niveau de vie : manière de vivre d'une population.

P

Plaine : étendue plane et basse.

Plateau : étendue plate dans laquelle les vallées sont encaissées.

Précipitation : humidité qui tombe du ciel sous forme de pluie, de neige ou de grêle.

S

Séisme : tremblement de terre dû à un mouvement brusque de l'écorce terrestre.

Station balnéaire : station aménagée en bord de mer pour les vacances.

T

Taux de mortalité : nombre de décès pour 1 000 habitants par an.

Taux de natalité : nombre de naissances pour 1 000 habitants par an.

U - V

Urbanisation : concentration de la population dans les villes.

Volcan : montagne en forme de cône d'où peut s'échapper de la lave.

Royaume-Uni

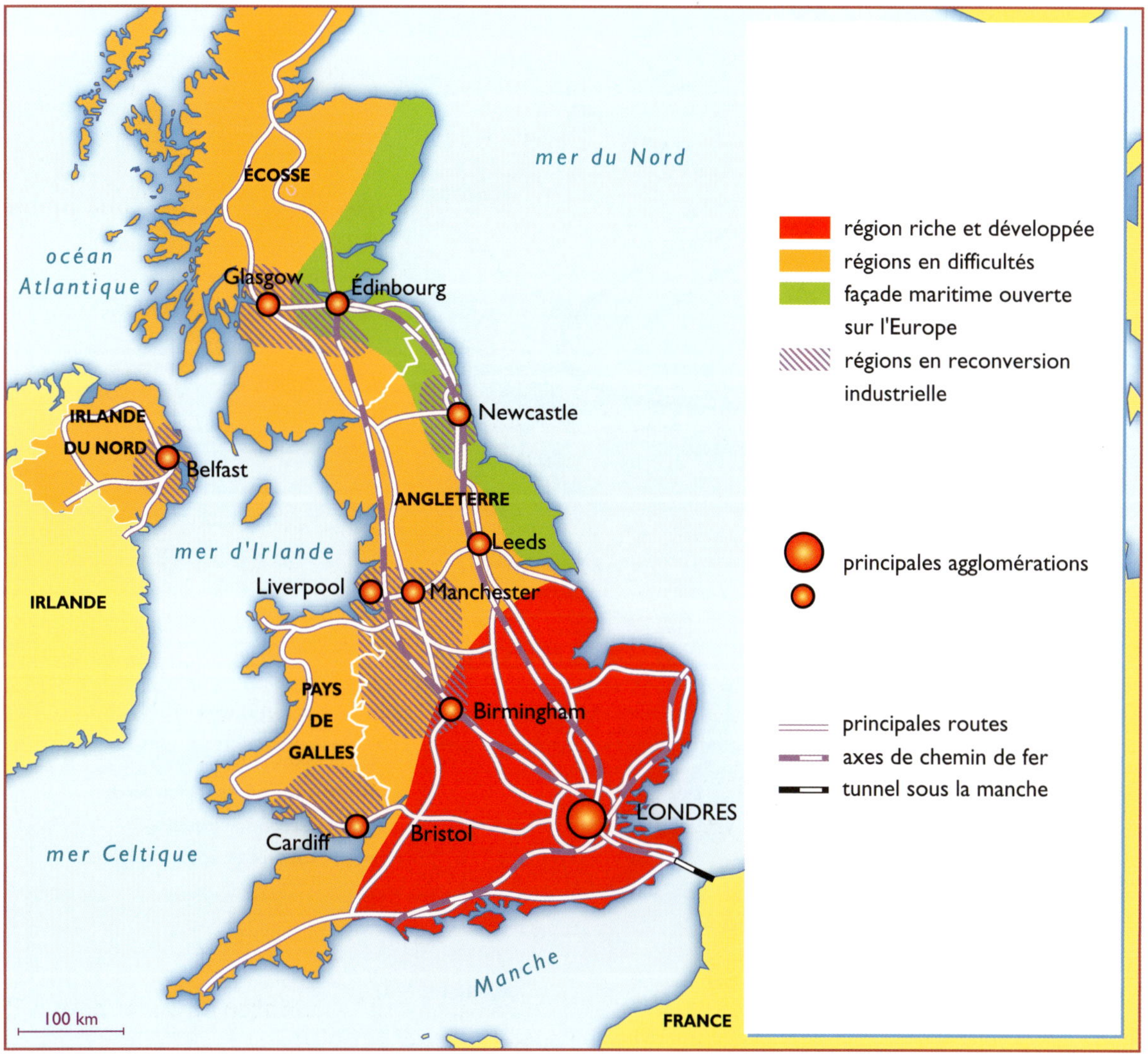

Superficie : 244 879 km²
Population (en 2005) : 60,1 millions d'habitants
Densité : 245 habitants par km²
Capitale : Londres
Population urbaine : 89 % de la population totale
Membre de la CEE depuis 1973, puis de l'Union européenne
Monnaie : livre sterling (£)

Allemagne

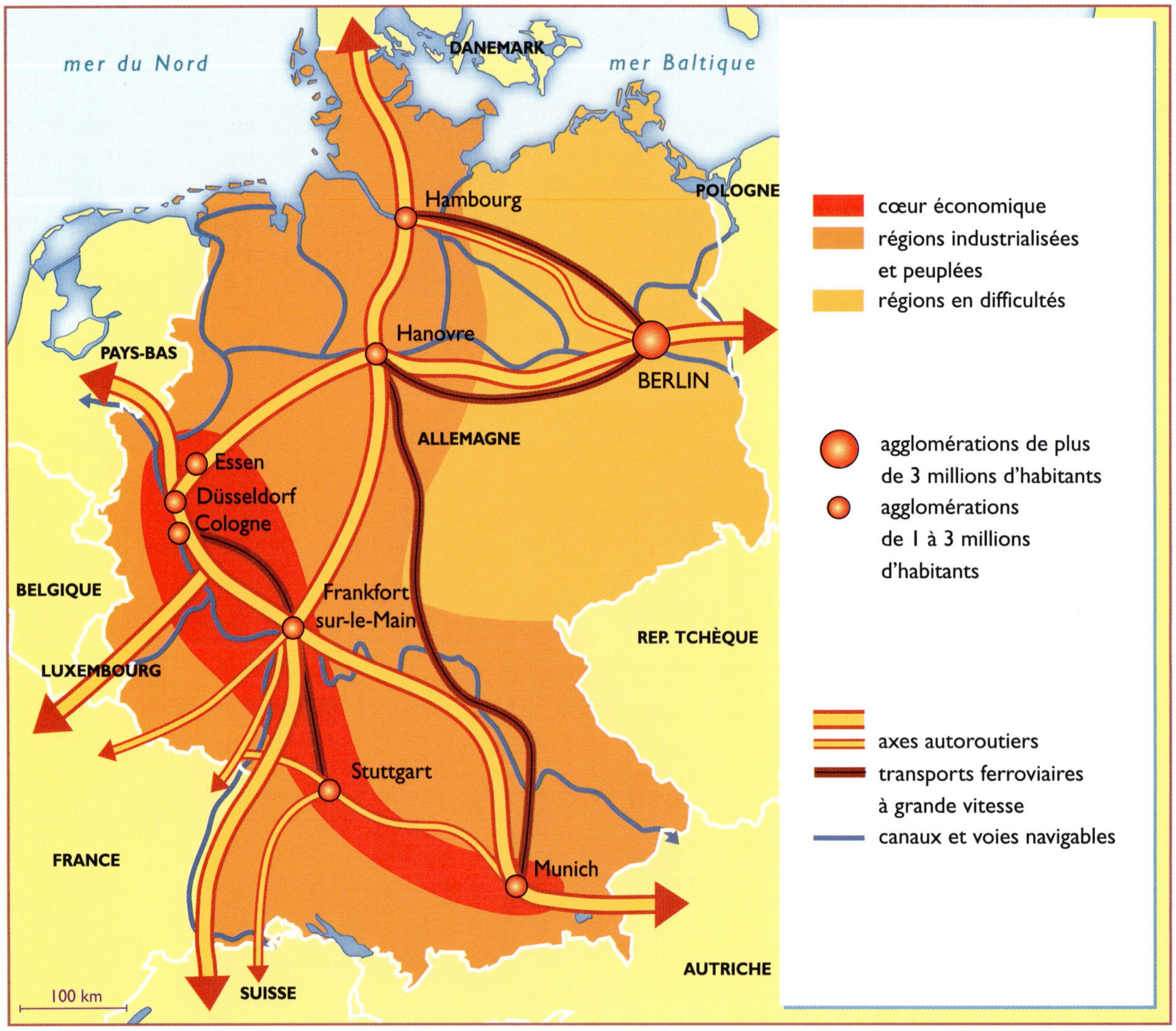

Superficie : 356 979 km^2
Population (en 2005) : 82,5 millions d'habitants
Densité : 231 habitants par km^2
Capitale : Berlin
Population urbaine : 88 % de la population totale
Membre de la CEE depuis 1957, puis de l'Union européenne
Monnaie : euro (€)

Espagne

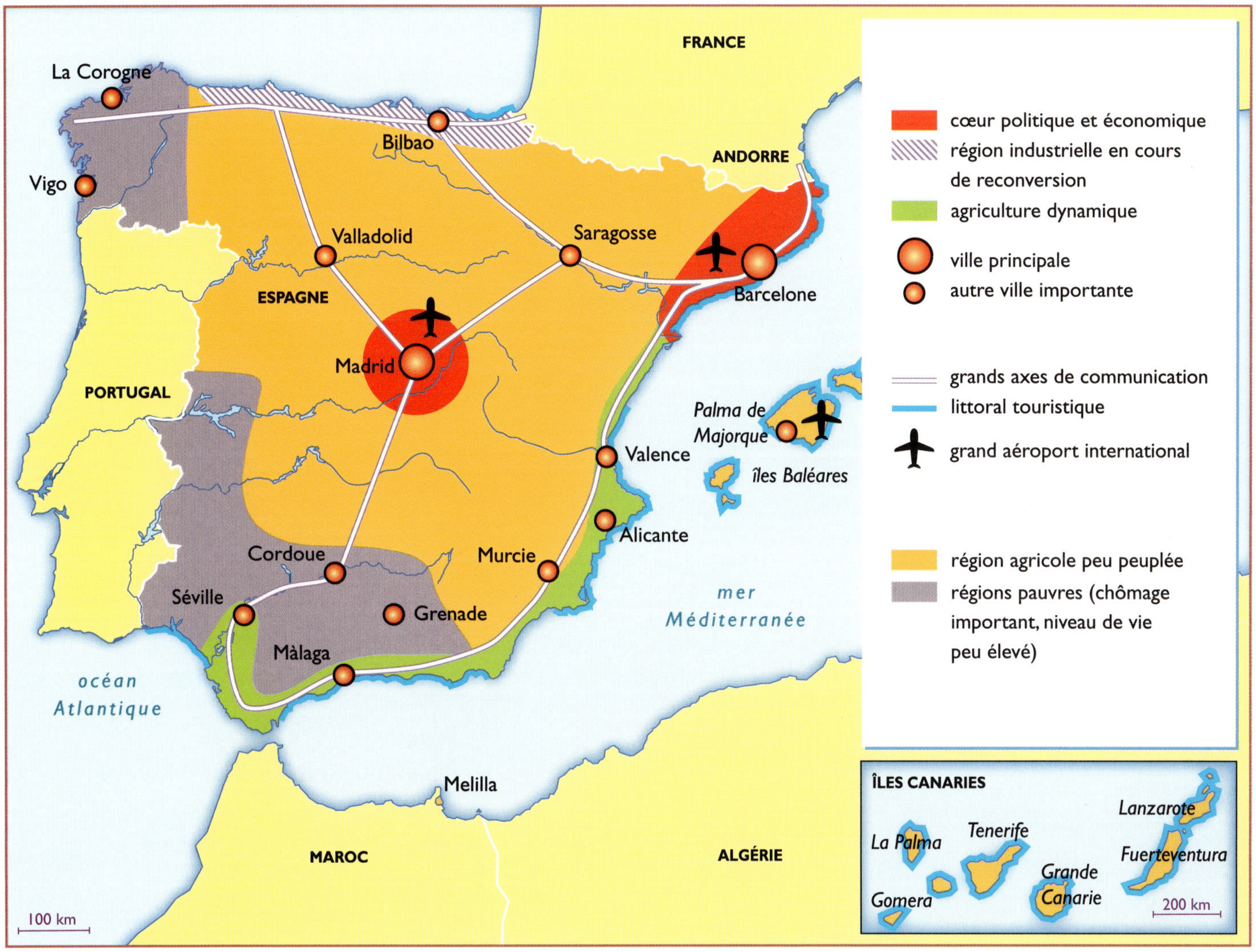

Superficie : 505 988 km^2
Population (en 2005) : 43,5 millions d'habitants
Densité : 86 habitants par km^2
Capitale : Madrid
Population urbaine : 76 % de la population totale
Membre de la CEE depuis 1981, puis de l'Union européenne
Monnaie : euro (€)

Italie

Superficie : 301 269 km²
Population (en 2005) : 58,7 millions d'habitants
Densité : 195 habitants par km²
Capitale : Rome
Population urbaine : 90 % de la population totale
Membre de la CEE depuis 1957, puis de l'Union européenne
Monnaie : euro (€)

Achevé d'imprimer en Espagne par CAYFOSA
Dépôt Légal: Décembre 2007 - Edition 02 - Collection n°74
11/7368/1